파란달의 빵타지아

누가 해도 맛있는
진짜 기본 베이킹 레시피 127

파란달의
빵타지아

파란달 정영선 지음

파란달 쿠킹 클래스의 10년 노하우

로지

초보 베이커들을 위한
진짜 기본 홈베이킹 북

"네, 좋아요!"

지금 생각해보면 어떻게 그리 흔쾌히 좋다고 대답했을까 싶어요. 2006년《파란 달의 빵타지아》의 출간 제안을 받았을 때 망설임 없이 했던 그 대답은 제 '운명의 지침을 돌려놓는' 계기가 됐습니다. 두근두근 기대와 설렘 속에, '집에서 맛있는 빵을 만들어 먹을 수 있다면 좋겠다!'는 작은 소망으로 시작한《파란달의 빵타지아》는 감사하게도 많은 사랑을 받았고, 4년 후《파란달의 빵타지아 : 두 번째 이야기》로 이어졌습니다. 책은 대만에도 번역, 출간되어 제 페이스북에는 대만 친구들도 하나 둘 늘어났죠. 어느덧 10년이라는 시간이 흘렀고, 지금 저는 디저트 메뉴를 개발하고 그 메뉴들을 책과 잡지에 소개하며 쿠킹 클래스를 통해 빵과 과자를 가르치는 사람이 되었습니다.

이 책은 2007년 출간한《파란달의 빵타지아》와 2011년 출간한《파란달의 빵타지아 : 두 번째 이야기》를 묶어 새로 편집한 책입니다. 두 책은 분량이 꽤 많고, 시간 차이를 두고 출간된 터라 요리 스타일도 달라서 고민이 되긴 했습니다. 하지만 저는 양이 많더라도 두 권의 장점들을 반영해 함께 엮는 쪽을 택했고 스타일을 조정해 균형도 맞추었습니다. 그간의 먼지를 툭툭 털어내는 기분으로 표지에도 새로운 옷을 입혔고, 베이킹 클래스를 운영하며 받았던 질문들과 그 과정에서 발견한 노하우들을 취합해 더 완성된 레시피로 보완했습니다.

무엇보다 제가 책을 개정하면서 가장 중심에 둔 원칙은 '이 책은 베이킹이 처음인

초보자들을 위한 책'이라는 거예요. 10년 전《파란달의 빵타지아》가 그랬던 것처럼 가능하면 구하기 쉬운 재료들로, 따라 하기 쉬운 방법으로 베이킹을 할 수 있도록 레시피를 거듭 다듬었습니다.

전 여전히 밀가루와 달걀, 우유가 만나서 맛있는 빵·과자가 되어 나오는 과정이 신기하기만 합니다. 서로 다른 재료들이 만나서 근사한 결과물로 완성되는 순간을 지켜보는 시간은 언제나 즐거워요. 지금 이 글을 읽고 있을 독자 여러분도 그 즐거움을 함께 느낄 수 있게 되면 좋겠습니다. 맛있는 빵과 과자를 직접 만들어서 가족, 친구들과 함께 나눈다는 건 행복한 일이니까요.

책이 다시 세상에 나올 수 있도록 도와준 출판사와 에디터, 그리고 이 책이 처음 나왔을 때부터 긴 시간 따뜻한 애정으로 지켜봐주신 독자분들께 감사의 마음을 전합니다. 아마 여러분의 애정 어린 관심이 없었다면 가능하지 않았을 거예요. 이 책과 함께 좀 더 즐겁고, 좀 더 행복한 일상의 순간들을 만끽할 수 있길!

2017년 봄
서초동 작업실에서
파란달 정영선

CONTENTS

Part 2. **MUFFIN & POUND CAKE** 머핀&파운드 케이크

Part 3. **PIE AND TART** 파이&타르트

Part 4. **CAKE** 케이크

Part 5. **BREAD** 빵

INTRO

BASIC LESSON OF HOME BAKING

진짜 기본 홈베이킹 레슨

초보 베이커들을 위한 베이킹 오리엔테이션

저 베이킹은 진짜 처음인데요

어떤 도구를 준비해야 할까요?

베이킹은 반죽이나 발효, 모양 성형 등 매우 민감한 과정을 거치기 때문에 기본 도구를 준비하는 것이 중요해요. 일반 대형 마트에서도 구입할 수 있지만, 더욱 다양한 상품들을 원한다면 베이킹 전문 사이트나 서울시 중구에 위치한 방산 시장에서 낱품을 팔아 구입하는 것도 좋은 방법이에요.

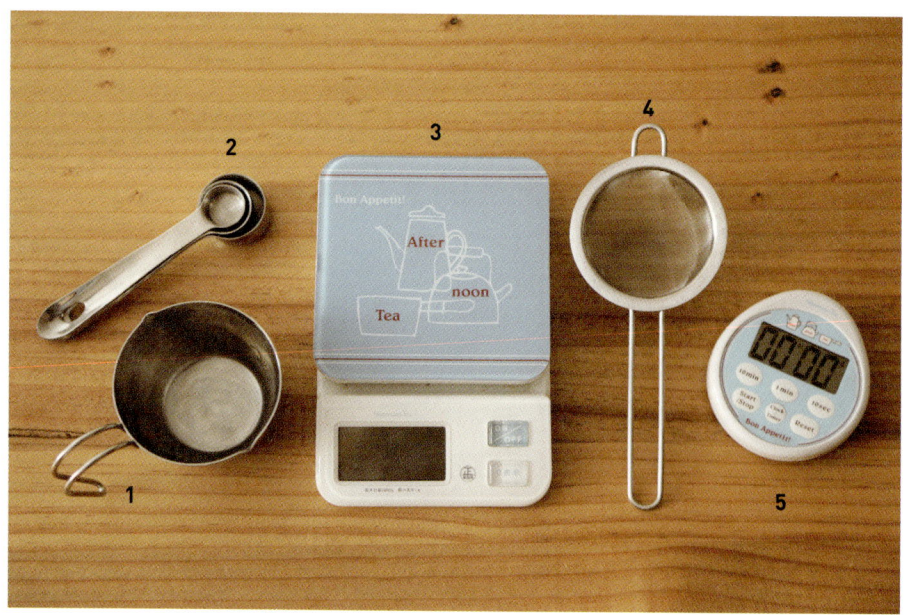

오븐 다양한 오븐들이 나오고 있는데 성능 만큼이나 내부 사이즈를 확인하는 것도 중요해요. 머핀틀, 케이크틀이 완전히 들어가지 않는 제품도 있어서 오븐 크기를 꼼꼼하게 살펴보아야 하지요. 발효 가능 여부에 따라 편리성뿐 아니라 맛도 달라지기 때문에 발효기능을 체크해두는 것이 좋아요.

1 계량컵 액체류의 재료를 계량할 때 사용해요.

2 계량스푼 보통 1큰술에서 1작은술까지 나눠져 있어요. 사용할 때 재료는 수평으로 평평하게 담은 것이 일반적이에요(본문에서는 큰술은 Ts로, 작은술은 ts로 표기).

3 저울 저울은 1g까지 잴 수 있는 전자저울이 좋아요.

4 작은 체 케이크 위에 장식이나 적은 양의 가루를 체 칠 때 필요해요.

5 타이머 오븐 안에 빵이나 쿠키를 넣어 두고 깜박하는 걸 방지하고, 발효나 휴지시킬 때 적정한 시간에 맞게 체크할 수 있어 유용해요.

1 무스틀 무스케이크를 굳힐 때 사용해요.

2 원형틀 가장 기본적인 틀로 케이크의 기본이 되는 제누와즈를 만들 때도 사용해요.

3 타르트틀 타르트를 구울 때 사용해요. 밑판이 분리되는 것이 좋아요.

4 마들렌틀 마들렌틀은 전통적으로 주개 모양인데, 요즘에는 다양한 형태의 몰드가 있어요.

5 파운드틀 파운드를 구울 때 사용하는 틀로 활용도가 높아요.

6 믹싱볼 바닥이 넓고 둥근 것으로 스테인리스 재질이 좋아요.

7 체 가루를 체 칠 때 필요해요. 망 사이 간격이 촘촘한 게 좋아요.

8 핸드믹서 250~300W 정도로 힘이 좋은 핸드믹서가 유용해요.

1 밀대 반죽을 밀 때 사용해요. 넉넉한 길이의 제품을 구입하는 것이 좋아요.

2 빵칼 빵의 모양이 망가지지 않게 자를 때 필요해요.

3 스패츌라 케이크에 아이싱을 하거나, 반죽을 다듬을 때 사용해요.

4 나무주걱 힘 있게 반죽을 섞을 때 필요해요.

5 거품기 액체류나 점성이 있는 재료를 풀 때 사용해요. 와이어가 튼튼하고, 간격이 촘촘한 것이 좋아요.

6 알뜰주걱 반죽을 깨끗하게 긁는 용도로 활용도가 아주 높아요.

7 브러시 달걀물이나 시럽을 바를 때 사용해요.

8 스크래퍼 반죽을 자르거나 섞고, 긁을 때 좋아요.

9 종이포일 쿠키나 케이크 반죽이 팬에 붙지 않도록 깔 때 사용해요.

10 테프론시트 종이포일과 달리 코팅이 되어 있어 반영구적으로 사용할 수 있어요.

11 실팻 실리콘 베이킹 매트로 반죽이 들러붙지 않게 해줍니다. 세척도 용이해요.

1 **짤주머니** 크림이나 반죽을 담아, 짜서 모양을 만들 때 사용해요.

2 **깍지** 짤주머니 앞에 끼우는 것으로, 깍지의 모양에 따라 다양한 모양을 낼 수 있어요.

3 **쿠키커터** 쿠키 반죽을 원하는 모양대로 찍어내는 도구. 다양한 종류의 쿠키커터를 모으면 재미
   있는 쿠키들을 만들 수 있어요.

4 **식힘망** 막 구워낸 쿠키나 빵을 식힐 때 사용해요.

5 **면장갑** 오븐 안에 빵이나 쿠키를 꺼내거나 오븐 장갑 안에 착용하면 유용해요.

6 **오븐장갑** 열을 잘 차단해주는 두툼한 것이 좋아요.

저 베이킹은 진짜 처음인데요,

어떤 재료가 필요한가요?

베이킹에서 가장 중요한 것은 바로 재료의 선택이에요. 그 레시피 용도에 맞는 재료를 사용하는 것은 기본 중의 기본이지요. 가끔 구하기 까다로운 재료들이라도 임의로 대체했다가는 계량이 달라지기 때문에 맛에서 확연한 차이가 나기도 해요. 구하기 어려운 재료는 인터넷 쇼핑몰을 이용하는 것이 가장 편할 뿐 아니라 다양한 정보도 얻을 수 있어서 좋아요.

밀가루 밀가루는 용도에 따라 강력분, 중력분, 박력분으로 나눠지는데 강력분은 빵을 만들 때 주로 사용해요. 중력분은 다목적용으로 없을 땐 강력분과 박력분을 섞어서 대체하기도 해요. 박력분은 주로 쿠키를 만들 때 사용해요.

전분 주로 재료를 뭉치거나 바삭거리는 식감을 위해 사용하는데 옥수수전분이나 감자전분 중 어떤 걸 사용해도 괜찮아요.

달걀 거의 모든 제과제빵에 빠지지 않는 달걀은 빵과 케이크에 부드러운 맛을 더해주고, 가루와 가루를 섞이게 하는 작용을 하며 재료를 부풀리는 역할도 합니다. 굽기 전에 달걀물을 발라 구우면 갈색으로 예쁘게 구워져요.

생크림 신선한 우유에서 지방을 풍부하게 하여 만든 크림이에요. 생크림은 쿠키나 케이크에 풍부한 맛을 더해주고, 케이크의 겉면에 아이싱을 할 때도 사용해요.

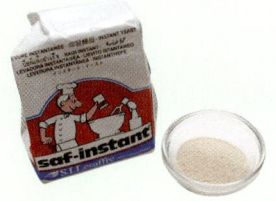

인스턴트 드라이이스트 이스트는 크게 생이스트, 드라
이이스트, 인스턴트 드라이이스트로 나뉘어요. 모두 빵을
만들 때 사용되는 필수 재료로 반죽을 부풀리는 역할을
해요. 본문에서 주로 사용하는 건 인스턴트 드라이이스트
입니다.

베이킹파우더, 베이킹소다 모두 합성 팽창제로 쿠키와
머핀, 파운드케이크 등의 반죽을 부풀리는 역할을 해요.

버터 쿠키를 바삭하게 하고 맛과, 풍미를 좋게 하는 재료
예요. 무염버터와 가염버터로 나뉘는데, 용도에 맞게 선택
하는 것이 중요해요. 본문에 주로 사용된 건 무염버터랍
니다. 가염버터를 사용할 땐 재료에서 소금을 빼고 만드
세요.

식물성오일 오일은 쿠키보다는 빵에 더 자주 사용해요.
올리브오일은 주로 이탈리안 빵을 만들 때 많이 사용하
고, 향과 색이 연한 포도씨오일이나 카놀라오일은 무난하
게 사용해요.

황설탕　　물엿

백설탕　　슈거파우더

황설탕 백설탕에 비해 당도가 약간 낮은 편이에요.
백설탕 가장 많이 사용하는 일반적인 설탕. 이스트의 발
효를 돕기도 하는 중요한 재료예요.
물엿 트리몰린이 구하기 어려울 때, 대체하기 좋은 재료
예요.
슈거파우더 설탕을 곱게 갈은 것으로 정밀한 계량을 해
야 하는 베이킹에 유용해요.

다크 초콜릿 카카오 함량에 따라 크게 다크, 밀크, 화이트로 나뉘어요. 카카오 함량이 높은 다크 초콜릿이 풍미를 내기에 좋아요.

초코칩 쿠키나 빵 반죽에 넣어 오븐에 구워도 쉽게 녹지 않게 가공된 칩 모양 초콜릿이에요.

코코아파우더 초콜릿 가루. 베이킹의 기본 재료인 가루류들과 잘 어우러져 반죽하기 편리해요.

깔루아 커피 향이 나는 리큐르.

키르쉬 체리 향이 나는 리큐르.

럼 당밀이나 사탕수수 즙을 발효시켜 만든 술로 반죽할 때 향을 좋게 해요.

코앵토르 오렌지 향이 나는 리큐르.

레몬즙 달걀의 비린내를 잡아주는 역할도 하는데, 싱싱한 레몬을 짜서 쓰면 좋지만 그때그때 레몬을 사기 어려우면 시중에 파는 레몬즙을 사용해도 좋아요.

바닐라빈 바닐라향이라고 하는 재료들의 원료로써, 사용할 때는 줄기를 반으로 갈라 안의 빈을 긁어내어 사용해요.

바닐라 익스트랙 바닐라빈의 추출물로 간편하게 사용할 수 있어요.

저 베이킹은 진짜 처음인데요

도구와 재료는 어디에서 사야 하나요?

오프라인 숍

방산시장
방산시장은 제과제빵과 관련한 재료, 도구, 포장용품 등을 파는 큰 시장이에요. 지하철 2호선 을지로 4가역과 1호선 종로 5가역에 내려서 갈 수 있는데, 근처에 중부시장이나 광장시장 등 다른 시장도 있어서 구경하는 재미가 쏠쏠해요. 무척 저렴한 가격에 다양한 종류를 판매하고 있지만, 큰 단위로 묶어서 많은 양을 파는 게 단점이에요. 매장마다 가격이 조금씩 다르니 꼼꼼하게 비교해보고 구입하세요. 영업시간은 점포에 따라 다르지만 보통 아침 10시부터 저녁 6시까지 영업을 한답니다.

브레드가든
온라인 매장과 오프라인 매장을 겸하는 곳인데 간혹 다른 사이트에 없는 포장재나 도구들을 구할 수 있어요. 매장이 홍대점, 서초점, 강남점이 있고, 온라인 숍도 운영하고 있어요. www.ezbaking.com

리치몬드 상가
리치몬드 상가는 강남 대치동에 있는데, 대치역에서 내려 은마아파트를 가로질러 가면 찾을 수 있어요. 리치몬드 상가는 작은 상점들이 모인 큰 건물인데, 그 안에 들어가면 제과제빵에 관련한 모든 재료를 만날 수 있어요. 역시 매장마다 가격이 조금씩 다르고 물건도 차이가 나니 잘 둘러보고 구입하세요. 방산시장에 비해 쇼핑은 편하지만 가격은 조금더 비싼 편이랍니다.
정우공업사 02-563-5188, 경일포장 02-562-0881

온라인 숍

해피베이킹, 이진진
방산시장에 있는 매장에서 운영하는 곳으로 다양한 재료와 도구를 살 수 있어요. 여러 가지 포장 재료와 박스도 있어 취향껏 고를 수 있어요. 일본에서 직수입한 포장 재료도 있어요.
www.happybaking.com, http://www.ejinjin.com

유어디시
제과제빵 관련 용품을 싸게 파는 곳이에요. 이곳도 방산시장에 있는 매장에서 운영하는 쇼핑몰인데, 기본적인 도구와 포장지는 이곳에서 구입해요.
www.urdish.com

기타

코스트코
코스트코에서는 각종 치즈와 와인, 버터 등을 아주 싼 가격에 구입할 수 있어요. 특히 냉동 과일류가 잘 갖춰져 있어서 냉동 블루베리나 냉동 체리 등을 구입하기 좋아요. 처음에 연회비를 내야한다는 단점이 있지만, 베이킹을 자주 한다면 연회비를 뽑고도 남는답니다. 일산점, 대구점, 양평점, 상봉점, 대전점, 울산점, 양재점, 부산점, 광명점, 의정부점, 천안점, 공세점, 송도점이 있어요.

저 베이킹은 진짜 처음인데요

미리 익혀둘 기본 스킬이 있나요?

베이킹은 기본 스킬 몇 개만 제대로 익혀두면 대부분 비슷한 과정으로 진행되고 재료의 특성에 따라 조금씩 다른 공정이 추가되므로 책에 등장하는 100여 가지의 레시피를 혼자서도 완성할 수 있습니다. 어느 정도 자신감이 붙으면 재료의 특성들을 조금씩 응용해 나만의 레시피도 만들어보세요.

발효빵 반죽하기

재료

강력분 250g
인스턴트 드라이이스트 5g
설탕 35g
소금 4g
달걀 50g
물 20g
우유 90g
무염버터 30g

1 우선 사용할 가루류(밀가루, 코코아 파우더, 녹차가루 등)는 한 번에 체쳐서 준비해요.

2 밀가루에 구멍을 세 군데 파서 설탕, 소금, 인스턴트 드라이이스트가 닿지 않게 넣어요.

3 각각 밀가루로 덮어 직접적으로 닿지 않게 한 뒤, 미지근하게 데운 액체류(우유, 생크림, 달걀, 물 등)를 넣고 섞어요.

4 한 덩어리가 되면 반죽을 꺼내 도마 위에 놓고 버터(오일) 등의 유지를 넣은 뒤, 손으로 밀고 당기듯 10분가량 반죽해요.

만약 말린 과일이나 견과류를 넣을 경우, 이 과정의 마지막에 넣어요.

5 반죽이 끈기가 생기면 바닥에 때리듯이 치대면서 5~10분가량 반죽해요.

6 반죽을 손으로 늘려봐서 손가락이 비칠 만큼 늘어나면 완성.

발효하기

오븐의 발효기능을 이용하면 편리해요.

7 볼에 완성된 반죽을 넣고 젖은 면보를 얹거나, 랩을 씌운 뒤 뾰족한 도구로 위에 구멍을 내요.

8 30~40℃ 정도의 오븐에서 볼을 넣고 반죽이 2배 이상 부풀도록 40~50분간 둬요.

반대로 반죽이 꺼지기 시작하면 과발효가 된 상태니 주의하세요.

9 반죽을 손가락으로 가운데를 눌렀을 때, 다시 올라오지 않고 구멍이 남아 있는 정도로 발효시켜요.

10 사진처럼 구멍이 그대로 있지 않고 다시 올라온다면 발효가 덜 된 상태예요.

픽, 픽 소리가 나면서 가스가 빠져요.

11 빵빵하게 부풀어 오른 반죽을 꺼내서 양손으로 가볍게 눌러가며 가스를 빼요.

12 가스를 뺀 반죽을 손으로 동글리면서 1차 발효와 가스빼기를 완료해요.

중간발효란?

거의 모든 반죽은 중간발효 과정을 거치는데, 중간발효란 1차 발효를 끝내서 가스까지 빼고 난 뒤, 반죽을 쉬게 해주는 것이에요. 방법은 가스 뺀 반죽을 도마 위에 놓고 젖은 면보나 비닐을 덮은 뒤 그 상태로 15분가량 덮어 둡니다.

오븐의 발효기능 외에 다른 발효법

스티로폼 발효법

반죽을 담은 볼에 젖은 면보나 비닐을 씌운 뒤 스티로폼에 안에 넣고, 컵에 뜨거운 물을 담아 함께 넣은 뒤 뚜껑을 닫아 발효시켜요.

전자레인지 발효법

컵에 물을 담아 전자레인지에 1분가량 돌린 뒤, 안에 뜨겁고 습기가 있을 때 반죽을 담은 볼에 젖은 면보나 비닐을 씌워 그 안에 넣어 발효시켜요.

파이지 반죽하기

재료(지름 5cm 12개)

강력분 75g
박력분 75g
소금 2g
설탕 5g
물 50g
무염버터 95g

1 볼에 강력분과 박력분, 소금, 설탕을 넣고 체에 한 번 내려요.

2 여기에 차가운 버터를 넣고 스크래퍼로 버터를 잘라 가며 소보로처럼 되도록 섞어요.

3 가운데를 파서 차가운 물을 넣고 주걱으로 섞어요.

4 한 덩어리가 된 반죽은 랩이나 비닐을 씌워 냉장고에 3시간가량 휴지시켜요.

5 휴지시킨 반죽을 꺼낸 뒤, 밀대를 이용해 직사각형이 되도록 밀어요.

6 반죽을 눈대중으로 3등분 한 뒤, 1/3지점을 접어요.

7 반대쪽 반죽을 위로 포개요(3절 접기 1회).

8 ⑦의 반죽을 접은 방향이 아래로 오도록 한 다음, 다시 ⑤의 과정처럼 늘여서 3절 접기를 해요(3절 접기 2회).

9 3절 접기가 2번 끝난 반죽은 냉장고에 30분 정도 넣어 둬요. 꺼내서 다시 ⑤의 과정부터 ⑧의 과정을 두 번 더 반복해요(3절 접기 6회).

타르트지 반죽하기

재료

박력분 150g
아몬드가루 20g
슈거파우더 50g
무염버터85g
달걀30g

타르트지 반죽

1 볼에 체 친 박력분과 아몬드가루, 슈거파우더를 넣고 차가운 무염버터를 잘라 넣어요.

2 손끝으로 무염버터를 팥알만 한 크기로 잘게 잘라 가며 가루에 비비듯 섞어요.

3 무염버터가 가루에 잘 코팅이 되면, 풀어 놓은 달걀을 넣고 주걱으로 섞어요.

4 대충 한 덩어리가 되면 도마 위에 꺼내 놓고, 손바닥을 이용해 바닥에 으깨듯 섞어요.

5 한 덩어리가 되면 반죽을 평평하게 민 뒤, 비닐에 담아 냉장고에 1시간 이상 넣어 둬요.

성형

6 단단해진 반죽은 밀대를 이용해 3mm정도 의 두께로 밀어요.

7 밀어 놓은 반죽을 밀대에 말아서 준비된 타르트팬 위에 얹어요.

8 테두리는 꼼꼼하게 붙인 뒤, 스크래퍼나 스패츌라를 이용해 테두리의 남은 반죽을 잘라내요.

반죽이 질면, 냉장고에
15분가량 넣어 둬요

9 포크를 이용해 바닥에 구멍을 낸 뒤,
냉장고 에 5분가량 넣어 둬요.

10 단단해진 반죽 위에 포일을 얹고
안에 쌀이나 팥, 누름돌을 얹어 무
게를 준 뒤 170℃에서 15분가량
구워요.

11 시간이 지나면 포일과 누름돌을
뺀 뒤, 10분가량 더 구워요.

더 쉽고 간단하게 파이지 반죽하는 법

푸드프로세서를 이용해 간단하게 할 수 있어요.

① 푸드프로세서에 체 친 밀가루(아몬드가루)를 넣어요.
② 차가운 버터를 잘라 넣고 뚜껑을 닫은 뒤, 두세 번 돌려요.
③ 여기에 멍울을 푼 달걀을 넣고, 한 번에 윙~ 하며 갈지 않고, 드르륵-탁 드르륵-
   탁, 끊어 가듯이 가동시켜요.
④ 반죽이 대충 한 덩어리가 될 정도로 진행해요.
⑤ 한 덩어리가 된 반죽을 비닐에 담아 냉장실에 1시간 이상 넣어 두었다가 사용해요.

빵순이들의 예리한 질문

Q 누름돌 대신 사용한 쌀이나 콩으로 밥을 지어도 될까요?
A 오븐에 구워진 쌀은 수분이 날아간 상태라 밥을 지어도 찰기가 없어요. 하지만 누
   름돌 대신 사용한 쌀은 오래 사용이 가능하니, 타르트 전용 누름쌀로 이용하는 것
   이 좋아요.

머랭 만들기

재료

분량의 달걀 흰자, 설탕

1 깨끗한 볼에 흰자만 분리해서 담아요. 이때 볼이 더럽거나 물이 묻어 있으면 절대 안 돼니 주의하세요. 이물질이 있으면 거품이 잘 올라오지 않아요.

2 핸드믹서나 거품기로 거품이 풍성해질 때까지 휘핑해요.

3 여기에 준비한 설탕을 두세 번에 나눠 넣어가면서 고속으로 계속 휘핑해요.

4 사진처럼 핸드믹서에 거품이 흘러내리지 않고 뾰족하게 있는 상태가 되면 머랭이 단단하게 완성된 거예요.

PARANDAL TIP

머랭을 낼 때는 고속으로 휘핑하다가 마지막에 저속으로 휘핑해서 마무리 하세요. 그래야 머랭이 오래 유지돼요.

생크림 휘핑하기

재료

분량의 생크림. 설탕

1 물기 없는 차가운 볼에 액체 생크림을 담아 준비해요. 생크림은 유지방 30% 이상인 제품이 좋고 생크림을 휘핑할 때는 모든 도구와 재료가 차가워야 해요. 여름에는 거품기나 볼도 냉장실에 넣어뒀다가 사용하세요.

2 핸드믹서나 거품기를 이용해 거품을 내요.

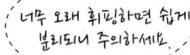

3 어느 정도 거품이 오르면, 설탕을 나눠서 넣어 가며 계속 휘핑해요.

4 핸드믹서가 지나간 자국이 남아 있을 정도로 단단하게 휘핑해요. 사진은 80% 정도 휘핑된 상태로 주로 케이크 반죽에 생크림을 넣을 때 사용해요.

5 사진처럼 거품기에 생크림이 꽉 뭉쳐있는 상태는 100% 휘핑된 상태예요. 주로 케이크 겉면에 바를 때 사용해요.

커스터드 크림 만들기

재료

우유 250g,
바닐라 줄기 1/2개,
설탕 60g,
달걀노른자 (약 4개) 60g,
박력분 12g,
전분 10g,
무염버터 25

＊바닐라빈이 없으면
바닐라에센스, 바닐라오일,
바닐라향 등으로
대체해도 됩니다.

1 칼로 바닐라 줄기를 길게 가르고, 가운데 씨를 칼등으로 긁어내요.

2 냄비에 우유와 바닐라 줄기의 껍질과 씨, 설탕 20g을 넣고 한 번 끓여요. 끓고 나면 바닐라빈 껍질은 건져내요.

3 다른 볼에 달걀 노른자와 나머지 설탕 40g을 넣고 잘 섞어요.

4 체 친 박력분과 전분을 넣고 잘 섞어요.

5 ②의 완성물을 조금씩 붓고 고루 섞은 다음 다시 냄비에 옮겨 담아요.

6 약한 불로 열을 가하면서 크림이 끓거나 덩어리지지 않도록 재빨리 섞다가 어느 정도 농도가 생기면 불을 꺼요. 여기에 버터를 넣고 매끄럽게 섞으면 완성.

**전자레인지로 간단하게
커스터드 크림 만들기**

1 전자레인지에 들어가는 밀폐용기에
우유를 넣고 30초가량 돌려요.

2 여기에 체 친 가루류(박력분+전분)
와 설탕을 넣고 잘 섞은 다음 1분가
량 돌려요.

3 이때까지 약간 물 같은 상태인데, 꺼
내서 잘 저어준 다음 다시 1분간 전
자레인지에 돌려요.

4 달걀 노른자를 하나씩 넣어주면서
익지 않도록 재빨리 저어요. 이때 뜨
거우니 조심하세요.

5 다시 전자레인지에 1분간 돌린 다음
버터를 넣고 섞으면 완성.

초보자들이 실수하기 쉬운 것들 Best 12

저의 SNS와 쿠킹 클래스에서 10년간 가장 많이 한 질문들을 모아봤어요.

Q 계량은 꼭 정확하게 해야 하나요?

A '빵은 과학이다.'라는 말이 있어요. 계량을 정확히 하라는 말인데 몇 번을 강조해도 지나치지 않아요. 어떤 재료는 단 5g만 더 들어가도 반죽 상태나 맛이 달라지는 경우가 있어요. 이를테면 '난 단 걸 안 좋아하니까 설탕을 줄여야지' 하고 생각할 수 있지만 설탕은 단순히 단맛만 내는 역할을 하는 것이 아니거든요. 설탕은 반죽을 촉촉하게 해주고 빵을 만들 때는 이스트의 발효를 돕기 때문에 일단 레시피에 있는 그대로 만들어보고, 재료를 더하고 빼는 건 그 다음에 해보세요.

Q 오븐 예열은 꼭 해야 하는 건가요?

A 처음에 빵을 구울 때 귀찮았던 것 중 하나가 바로 오븐 예열이었어요. 반죽이 거의 완성되었을 때가 되어서야 오븐을 예열하지 않은 것이 생각나서 5분 정도만 짧게 예열해서 구운 적이 있는데, 그때 나온 결과들은 정말 엉망이었답니다. 요즘엔 예열이 필요 없는 오븐도 나왔다고 하지만 대부분의 오븐은 예열이 필요하니 짧게는 20분에서 길게는 30분까지 충분히 예열해주세요.

Q 달걀과 버터 등 재료를 냉장고에서 바로 꺼내 사용하면 안 되는 건가요?

A 파이를 만들 때를 제외하고 재료는 실온으로 준비하는 것이 기본입니다. 특히 버터나 달걀은 냉장 보관하니까 미리 꺼내놓지 않으면 실온에 맞추기 어려운 경우가 있지요. 이럴 땐 버터를 15

초가량 전자레인지에 돌려 사용할 수 있는데, 굽고 나서 보면 맛이나 모양이 확실히 다르답니다. 빵을 굽기 30분~1시간 전에 꺼내서 꼭 실온으로 준비하세요.

Q 핸드믹서는 꼭 필요한가요?

A 거품기로 저으려니 팔이 아파 핸드믹서를 사용할 때가 있어요. 생각 없이 핸드믹서를 사용할 경우 과다하게 휘핑되어 파운드가 흘러넘친다든지 쿠키가 너무 옆으로 퍼진다든지 할 수 있어요. 사실 집에서 빵을 구울 때는 모든 재료가 소량이기 때문에 머랭이나 생크림을 단단하게 만들 때 외에는 핸드믹서는 크게 필요하지 않아요.

Q 밀가루 같은 가루류는 꼭 체에 내려서 준비해야 하는 건가요?

A 케이크나 쿠키를 구울 때 필요한 가루류는 반드시 2~3번 체에 쳐서 준비해요. 그래야 덩어리지지 않고 가루 사이사이에 공기가 많이 들어가서 다른 재료와도 잘 섞이고 잘 부풀어 오른답니다.

Q '오븐에 굽는 시간'은 레시피 대로 꼭 지켜야 하나요?

A 같은 온도라도 오븐마다 열의 세기가 조금씩 달라요. 처음엔 쿠키나 빵을 만들 때 표시된 시간만 믿고 그냥 뒀다가 태운 적이 있어요. 특히 미니 오븐은 쉽게 탈 수 있으니, 표시된 시간보다 조금 일찍 잘 익어가고 있나 확인하세요.

Q 버터보다는 오일이 몸에 좋을 것 같은데, 모든 곳에 버터 대신 오일을 사용해도 되나요?

A 빵은 버터 대신 오일을 사용해도 괜찮은 레시피도 있지만, 쿠키나 케이크류에 버터 대신 오일을 넣으면 질감이 완전히 달라지는 경우가 많답니다. 특히 쿠키는 바삭함이 사라지고 눅눅해지기 쉬우니 기재된 재료를 꼭 사용하세요.

Q 레시피에는 15cm 틀이라고 되어 있는데, 우리집에는 18cm 틀밖에 없어요. 어떻게 하죠?

A 보통 15cm 틀을 1호, 18cm를 2호, 21cm를 3호라고 부릅니다. 15cm 틀의 재료를 18cm 틀에 만들려면, 재료의 양을 1.4~1.5배가량 늘려주세요.

Q 파이 반죽이 너무 질어요.

A 파이는 온도에 아주 민감해요. 버터양이 많기 때문에 실내온도가 조금만 높아져도 질어지기 쉽죠. 여름철이나 더운 한낮에 파이를 만들 때는 최대한 실내온도를 서늘하게 하고, 냉장고에 넣기를 반복하면서 버터가 녹지 않도록 해야 합니다.

Q 쿠키를 만들면 자꾸 퍼지는데 어떡하죠?

A 쿠키가 퍼지는 요인 중에 하나도 반죽을 할 때, 버터가 녹아서 발생되는 현상일 가능성이 높습니다. 반죽이 질면 모양이 잡히지 않고 퍼지게 되기 때문에 오븐에 넣기 전, 냉장고에 잠깐 넣어서 단단하게 만든 뒤 구우세요. 또 다른 경우로는 오븐의 예열이 충분하지 않아서 쿠키가 퍼질 수도 있습니다.

Q 머랭이나 생크림 거품이 잘 만들어지지 않아요.

A 머랭과 생크림은 반드시 물기가 없는 깨끗한 볼을 이용해야 합니다. 특히 생크림의 경우 더운 여름에는 쉽게 단단해지지 않죠. 이때는 볼을 냉장고에 넣어 차갑게 준비하고, 얼음물을 받쳐서 휘핑하면 쉽게 거품을 낼 수 있습니다.

Q 건강을 생각해서 달지 않게 먹고 싶은데, 설탕양을 반으로 줄여도 될까요?

A 설탕은 단순히 단맛만 내는 것이 아니라, 이스트의 발효를 돕거나 케이크나 쿠키의 질감을 부드럽게 하는 역할도 합니다. 너무 많이 줄이면 질감이나 촉감이 전혀 다르게 만들어질 수 있으니, 10~20%만 줄이는 것을 권합니다.

Q 집에 베이킹파우더(B.P)가 없는데, 대신 베이킹소다(B.S)를 사용해도 되나요?

A 베이킹파우더와 베이킹소다는 반죽을 부풀리는 '팽창제'라는 점은 같지만, 화학 성분이 달라서 역할도 다르답니다. 특히 베이킹소다의 경우 많이 넣으면 떫거나 신맛을 느낄 수 있으니 꼭 레시피에 명시된 재료를 사용해주세요.

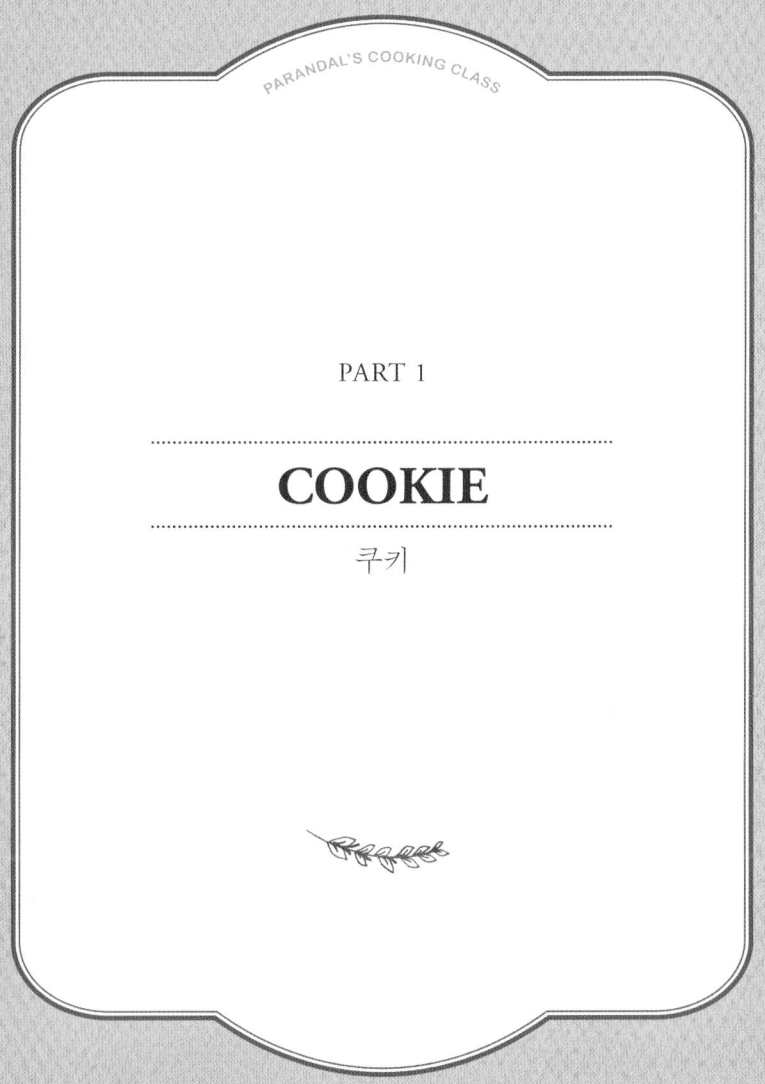

PART 1

COOKIE

쿠키

cham cracker

누가 만들어도 맛있는
참크래커

⌐───────── ❧ ─────────⌐

베이킹이 처음이라 뭐부터 시작할지 모르겠다면 참크래커부터 도전해보세요. 재료도 손쉽게 구할 수 있고 만드는 방법도 아주 간단하답니다. 단순한 재료들이 섞여 크래커로 구워져 나오는 과정이 신기할 거예요. 약간 심심한 듯하면서도 담백하고 짭짤한 맛의 참크래커로 베이킹의 매력에 빠져보세요.

재료(지름 5cm 12개)

박력분 100g
무염버터 30g
소금 1/4ts
우유 40ml

1 박력분은 체를 쳐서 준비하고, 무염
버터는 차가운 상태로 넣어요.

2 버터에 가루를 묻혀가며 0.5cm 정도
로 잘게 잘라 소보로 상태로 잘라요.

3 우유에 소금을 넣고 녹인 뒤 ②에
넣어요.

4 주걱으로 반죽이 고루 섞이도록 자
르듯이 섞어요.

5 반죽이 한 덩어리가 되면 지퍼백에
넣어 냉장실에 30분가량 두세요.

6 반죽을 꺼내 밀대로 민 뒤 지름
5cm 정도의 둥근 모양 커터로 찍어
내고 포크로 구멍을 내요. 170℃ 오
븐에서 8~10분가량 구워요.

PARANDAL TIP

참크래커로 만든 간단 카나페

준비할 것은 참크래커와 치즈 그리고 토핑할 블루베리나 크랜베리 혹은 너트류만 있
으면 됩니다. 햄이나 맛살, 방울토마토 등 입맛에 따라 무엇이든 올려보세요.

1 치즈를 크래커보다 약간 작게 잘라 참크래커 위에 놓으세요. 치즈를 자를 때 참크래
커 모양을 낸 쿠키 커터를 이용하면 간편해요.
2 그 위에 토핑할 너트류나 집에 있는 햄, 맛살 등을 올려주세요. 제법 근사한 술안주
나 디저트가 된답니다.

chocolate ball

보는 것만으로도 행복 가득
초코 볼

선물할 일이 있을 때 자주 만드는 쿠키로 스노 볼과 초코 볼을 꼽을 수 있어요. 스노 볼이 달콤하고 고소한 맛이라면, 초코 볼은 약간 쌉싸래하면서 깊은 풍미가 느껴지지요. 선물 받는 사람의 반응을 보면 아이들은 스노 볼을, 어른들은 초코 볼을 더 좋아하는 것 같아요.

재료(약 25개)

무염버터 90g
슈거파우더 50g
박력분 100g
전분 5g
코코아가루 10g
여분의 슈거파우더 약간

1 실온에 꺼내 둔 무염버터에 슈거파우더를 넣고 부드럽게 섞어요.

2 ①에 체 친 박력분과 코코아가루, 전분을 넣고 섞어요.

3 고루 섞이면 한 덩어리로 만든 뒤 지퍼백에 넣어 냉장실에서 1시간가량 숙성시켜요.

4 반죽을 꺼내 손으로 부드럽게 으깬 뒤 10g씩 나눠 손바닥으로 동그랗게 빚어 슈거파우더를 묻혀요. 180℃로 예열한 오븐에 12~15분가량 구워요.

PARANDAL TIP

1 종이 상자에 초코 볼을 담고 반투명한 비닐봉지 안에 넣어요. 윗부분을 돌돌 만 뒤 초콜릿 색상의 예쁜 리본으로 장식해보세요. 받는 사람의 기쁨이 배가됩니다.

2 더운 여름날, 시원한 아이스티와 초코 볼을 함께 내보세요. 달콤한 아이스티와 쌉싸래한 초코 볼의 만남이 근사하답니다. 사랑하는 남편이나 남친, 아이들과 기분 좋은 디저트 시간을 가져보세요.

하얀 눈이 소복소복
스노 볼

하얀 눈이 내린 것 같다고 해서 붙여진 이름 스노 볼. 하얀
눈처럼 보이는 것이 실은 슈거파우더랍니다. 그래서 슈거
볼이라고도 하지요. 만들기도 쉽고 맛도 좋고 모양까지 예
뻐서 선물하기에 아주 좋아요. 하얀 스노 볼 처럼 눈 오는
날 구우면 더 잘 어울리겠지요?

재료(약 28개)

무염버터 90g
슈거파우더 50g
박력분 110g
전분 10g
호두 30g
여분의 슈거파우더(장식용)
약간

1 실온의 부드러운 무염버터를 거품
기로 풀다가 슈거파우더를 넣고 살
살 섞어요.

2 체 친 박력분과 전분을 넣고 주걱으로
자르듯이 섞다가 호두를 잘게 부숴
넣고 한 덩어리가 되도록 반죽해요.

3 한 덩어리가 되면 반죽을 비닐백에
넣은 뒤 냉장실에 30분가량 두세요.

4 반죽을 10g 정도씩 나누어 손으로
비벼 동그랗게 모양을 만든 뒤 유산
지를 깐 오븐팬에 올려요.

5 170℃로 예열한 오븐에서 12~14분
가량 구워요.

비닐백에 넣고 흔들면
손쉽게 묻힐 수 있어요

6 다 구워진 쿠키에 슈거파우더를 묻
혀요.

포장 아이디어

원형 통으로 스노 볼 포장하기

1 원형 통에 스노 볼을 담고 쏟아지지 않도록 스카치테이프를 한
번 두르세요.
2 스카치테이프가 보이지 않도록 리본을 둘러서 묶으세요.
3 스탬프를 찍은 라벨이 있으면 준비하세요.
4 라벨을 가운데 붙이면 나만의 쿠키 상자 완성.

포장 재료 구입처

투명 원형 통은 제과재료 쇼핑몰에서 쉽게 살 수 있고 라벨은 스탬프마마(www.
stampmama.co.kr)의 주문 스탬프 코너에서 구입할 수 있어요.

mocha biscotti

두 번 구워 더 바삭한
모카 비스코티

비스코티biscotti는 이탈리아어로 '두 번 굽는다'를 뜻해
요. 두 번이나 구워서 수분을 없앴기 때문에 방부제를 넣
지 않아도 오래 보관할 수 있어 군인들의 비상식량으로
쓰이기도 했대요. 딱딱한 과자라 그냥 먹기보다는 커피를
곁들이면 더 맛있어요.

재료(7~8개)

무염버터 40g
슈거파우더 40g
달걀 1개
뜨거운 물 1ts +
인스턴트커피 1ts
박력분 120g
베이킹파우더 1/2ts
다진호두 30g

1 실온에 둔 무염버터에 슈거파우더를 넣고 고루 섞어요.

2 달걀을 거품기로 고루 푼 뒤 ①에 서너 번에 나눠 넣으면서 충분히 섞어요.

3 뜨거운 물 1ts에 인스턴트커피 1ts을 넣고 잘 녹인 뒤 반죽에 넣고 거품기로 고루 섞어요.

4 체 친 박력분과 베이킹파우더, 다진 호두를 넣고 주걱으로 자르듯이 섞어요.

5 둥글고 넓적하게 한 덩어리로 만든 뒤 냉장실에 30분쯤 넣어두었다 160℃로 예열한 오븐에서 20분가량 구워요.

6 구운 반죽을 꺼내서 식힘망에 올려 한 김 식힌 뒤 적당한 크기로 자른 다음, 자른 쿠키를 팬에 올리고 160℃에서 10분가량 굽다가 뒤집어서 다시 8분가량 구워요.

PARANDAL TIP

1 오븐에서 막 꺼낸 반죽을 썰면 쉽게 부서져요. 한 김 나가도록 식힌 다음 손으로 만질 수 있을 즈음 썰면 덜 부서진답니다. 이때는 가능하면 빵칼을 이용하세요.
2 집에 작은 꽃이 있으면 쿠키 포장에 이용해보세요. 비스코티는 약간 길쭉하게 생긴 편이라 크기에 맞게 비닐봉지로 감싼 다음 가운데 부분을 종이로 한 번 둘러주세요. 그 가운데를 지끈으로 묶고 작은 꽃을 꽂으면 완성(사진에 사용한 꽃은 '왁스플러워'예요).

peanut cookie

영화 볼 때 심심풀이
땅콩 쿠키

저는 영화를 좋아해서 휴일이면 안방극장에서 영화를 보곤 해요. 집에서 영화를 볼 때 준비할 것이 있다면 먼저 푹신한 쿠션(영화가 졸리면 자야 하니까), 두 번째는 대체할 영화 리스트(재미없으면 빨리 바꿔야 하니까), 세 번째는 입이 즐거운 간식거리가 있어야 해요. 아! 그런데 나도 모르게 자꾸만 손이 가서 영화가 끝나기도 전에 쿠키 봉지의 바닥이 보이고 마네요.

재료(약 22개)

땅콩버터 60g
무염버터 55g
황설탕 70g
달걀 1/2개
박력분 110g
다진 땅콩 30g
베이킹파우더 1g

1 땅콩버터와 실온에 둔 무염버터를 잘 섞은 뒤 황설탕을 넣고 서걱거리는 소리가 잦아들 때까지 고루 섞어요.

한꺼번에 넣으면 잘 섞이지도 않을뿐더러 공기가 너무 적게 들어가 쿠키가 딱딱해져요.

2 거품기로 고루 푼 달걀은 적은 양이지만, 두세 번에 나눠 넣고 잘 섞어요.

3 박력분과 베이킹파우더를 체 쳐 넣고 고루 섞다가 다진 땅콩을 넣고 한 덩어리로 만들어요.

4 팬에 반죽을 조금씩(15g 정도가 적당) 떼어 놓고 포크로 콕콕 찍어서 모양을 낸 다음, 170℃로 예열한 오븐에서 10~12분간 구워요.

PARANDAL TIP

1 견과류는 '반태'와 '분태'가 있어요. 반태는 견과를 반으로 갈라놓은 것이고, 분태는 잘게 썰어놓은 것이에요. 맛있는 쿠키를 만들려면 필요에 따라 그때그때 썰거나 갈아서 사용하는 것이 좋아요.
2 땅콩 쿠키는 익으면서 부피가 커지기 때문에 팬에 반죽을 놓을 때 일정한 간격으로 띄우세요.
3 쿠키를 막 구우면 말랑말랑해요. 이때 바로 옮기지 말고, 팬에 잠시 두었다고 옮기세요. 말랑하다고 익히는 시간을 초과하면 딱딱한 쿠키가 됩니다.

씹을수록 고소해
오트밀 쿠키

오트밀이 몸에 좋은 거 다 아시죠? 오트밀이란 오트(귀리) oats를 수확한 다음 가공한 것인데, 양질의 단백질과 다량의 라이신이 들어 있어 영양식으로 좋아요. 오트밀로 만든 쿠키는 맛이 고소한 게 특징이에요. 달지도 않아 어른들에게 인기 있답니다. 여기에 몸에 좋은 견과류를 듬뿍 넣었으니 건강에도 좋겠죠?

재료(약 24개)

통밀가루 80g
호밀가루 40g
무염버터 110g
백설탕 40g
흑설탕 35g
달걀 1개
소금 1g
베이킹파우더 1/2ts
오트밀 50g
견과류(호두, 아몬드,
땅콩 등) 50g

1 실온에 두어 말랑해진 버터에 백설탕과 흑설탕을 넣고 서걱거리는 소리가 잦아들 때까지 거품기로 섞어요.

2 여기에 달걀 푼 것을 서너 번에 나눠 넣어가며 잘 섞어요.

3 통밀가루와 호밀가루, 베이킹파우더를 함께 체 친 뒤 ②에 넣고 주걱으로 자르듯 섞어요.

4 반쯤 섞였을 때 오트밀과 다진 견과류를 넣어요.

5 반죽을 오래 치대지 말고 주걱으로 빠르게 섞어요.

6 반죽을 약 20g씩 나눠 동글납작하게 모양을 잡아 팬에 올리고 180℃로 예열한 오븐에서 12~15분간 구워요.

PARANDAL TIP

견과류를 넣은 쿠키는 견과류의 신선도나 상태에 맞이 달라져요. 반죽에 견과류를 넣기 전에 미리 160℃로 예열한 오븐에서 노릇할 때까지 미리 구워주세요. 눅눅함도 사라지고 고소한 맛이 한결 더해진답니다.

시작하는 연인들처럼 상큼한 맛
크랜베리 쿠키

빵을 만들면서 이런 질문을 많이 들었어요. "혹시 빵을 만들면서 실패한 적이 없나요?" 왜 저라고 실패한 적이 없겠어요. 처음엔 실수투성이였죠. 그중에서 기억에 남는 것이 이 크랜베리 쿠키인데, 설탕 대신 고운 소금을 넣었다가 정말 바닷물처럼 짠 쿠키가 되었답니다. 공들여서 만든 쿠키가 그 모양이라 얼마나 마음이 아팠는지 몰라요. 여러분도 저처럼 실수하지 말고 계량할 때 늘 주의하세요.

재료(약 20개)

박력분 150g
아몬드가루 30g
무염버터 95g
설탕 80g
생크림 or 우유 15g
말린 크랜베리 50g

1 실온에 놓아둔 무염버터를 부드럽
게 풀고, 설탕을 넣은 뒤 서걱거리는
소리가 잦아들 때까지 저어요.

2 체 친 박력분과 아몬드가루를 넣고
주걱으로 자르듯이 섞어요.

3 여기에 말린 크랜베리를 넣고 한 덩
어리가 되도록 주걱으로 자르듯이
섞어요.

4 한 덩어리가 되면 비닐백에 반죽을
담고 냉장실에 넣어 30분가량 숙성
시켜요.

5 냉장실에서 반죽을 꺼내 긴 막대 모
양으로 만든 다음 유산지로 말아서
냉동실에 1시간 이상 두세요.

6 냉동실에서 굳힌 반죽을 꺼내 1cm
정도로 도톰하게 썰어 170℃로 예
열한 오븐에서 12~15분가량 구워요.

PARANDAL TIP

블루베리 사촌쯤 되는 크랜베리는 상큼한 맛과 불그스레한 색감이 특징이에요. 크랜
베리가 없을 때는 건포도를 넣어보세요. 맛은 조금 차이가 있지만요. 크랜베리 쿠키는
구운 다음 날 먹으면 쫀득거리는 식감이 살아나서 더 맛있었어요.

포장 아이디어

가장 기본이 되는 쿠키 포장법이에요. 먹음직스런 쿠키가 잘 보
이게 투명한 비닐을 이용하는 거지요. 비닐의 한쪽 끝을 막고 쿠
키를 차곡차곡 탑 쌓듯이 넣고 리본이나 지끈으로 마무리하세요.

macadamia chocochip cookie

마카다미아와 초콜릿의 환상의 케미
마카다미아 초코칩 쿠키

마카다미아는 주로 하와이에서 생산되는데 질 좋은 지방
이 많이 들어 있고 고소한 맛이 일품이에요. 대신 가격이
좀 비싼 게 흠이에요. 마카다미아는 초콜릿과 잘 어울려서
초콜릿을 이용한 디저트에 많이 활용되는데, 외국에서는
마카다미아와 화이트 초코칩을 넣은 쿠키를 많이 먹더라
고요. 저는 느끼한 맛을 잡기 위해 화이트 초코칩 대신 다
크 초코칩을 넣고 구웠어요.

재료(22~24개)

박력분 220g
황설탕 110g
버터 150g
달걀 1개
다크 초코칩 60g
마카다미아 50g
베이킹파우더 1/2ts

1 실온에 둔 버터를 부드럽게 풀다가 황설탕을 넣고 서걱거리는 소리가 잦아들도록 거품기로 섞어요.

2 ①에 잘 풀어놓은 달걀을 서너 번에 나눠 넣으면서 거품기로 잘 저어요.

3 체 친 박력분과 베이킹파우더를 넣고 주걱으로 자르듯이 섞어요.

쿠키가 구워지면서 부피가 커지는 것을 감안해 일정한 간격을 두고 팬닝하세요.

4 반죽을 15g씩 떼어 동글납작하게 만들어 마카다미아와 다크 초코칩을 꽂아요. 180℃로 예열한 오븐에서 12~15분간 구워서 꺼낸 다음 팬째 식혀요.

포장 아이디어

밋밋한 흰 종이상자에 쿠키를 넣어 선물하기가 허전할 때는 스탬프를 활용하세요. 이름이 새겨진 스탬프를 찍기만 해도 느낌이 확 달라진답니다. 종이상자는 음식점의 테이크아웃 박스를 활용해도 좋고, 제과제빵 쇼핑몰에서도 구입 가능해요.

coconut rocher

겉은 바삭, 속은 쫄깃한
코코넛 로쉐

열대과일인 코코넛은 우리나라에서는 실제로 보기 힘들지요. 어떻게 생긴 열매일까 궁금했는데 우연히 여행하다 코코넛을 손질하는 모습을 본 적이 있어요. 실제로 보니 꽤 크고 껍질이 단단해서 커다란 칼을 이용해 자르더라고요. 요즘은 코코넛의 효능이 알려지면서 우리나라에서도 코코넛을 활용한 다양한 제품이 등장하고 있어요. 코코넛 슬라이스를 이용해 겉은 바삭, 속은 쫄깃한 코코넛 로쉐를 만들어보세요.

재료(약 20개)

달걀흰자 2개분
설탕 60g
아몬드가루 30g
코코넛 슬라이스 80g

＊아몬드가루가 없으면
코코넛 슬라이스를 20g
정도 더 준비하세요.

1 거품기로 달걀흰자를 고루 풀어요.

2 ①에 설탕을 넣고 잘 녹도록 거품기로 저어요.

3 체 친 아몬드가루를 넣고 거품기로 고루 섞어요.

4 코코넛 슬라이스를 넣고 부서지지 않도록 젓가락을 이용해서 살살 섞어요.

5 오븐팬에 유산지를 깔고 숟가락으로 동글동글하게 모양을 만들어 올린 다음 170℃로 예열한 오븐에서 10~12분간 구워요.

포장 아이디어

코코넛 로쉐처럼 작고 가벼운 쿠키에 어울리는 포장법 하나! 먼저 비닐봉투에 코코넛 로쉐를 담고 위를 봉한 다음 리본을 둘러요. 사진처럼 리본을 뒤로 한 바퀴 돌려서 앞으로 오게 한 다음 구멍 사이로 넣어 살짝 당깁니다. 스탬프로 이니셜을 찍은 뒤 오려서 가운데 붙여주면 완성! 코코넛 로쉐는 하루만 지나도 질겨지니까 꼭 만든 당일에 선물하세요.

chestnut bun

부드럽게 한입에 쏙
밤 과자

언젠가 친구가 제가 만든 음식 사진을 보면서 "우아~ 맛있겠다" 하며 감탄사를 연발하기에 "하나만 골라봐. 만들어줄게" 했더니 그 친구가 밤 과자를 고르더라고요. 그 친구는 과자를 그다지 좋아하지 않는데 유독 이 밤 과자는 좋아했어요. 밀가루가 들어가지 않고 팥 앙금이 주원료라서 좋아했나 봐요. 주변에 쿠키를 그다지 좋아하지 않지만, 직접 만든 걸 선물하고 싶을 때는 밤 과자가 어떨까요?

재료(오븐팬 2판)

시판 흰 앙금 250g

연유 15g

분유 2g

원하는 가루류(녹차가루,
백련초가루, 치즈, 코코아
파우더 중 선택) 1ts

포장 아이디어

선물을 포장할 때는 왼쪽 완
성 사진처럼 초콜릿 박스를
이용해보세요. 다양한 색상
의 밤 과자를 만들어 작은
머핀지에 담아 초콜릿 박스
에 담으면 멋진 밤 과자 선
물 세트 완성!

1 볼에 흰 앙금을 분량대로 담고 주걱
으로 으깨듯이 눌러 덩어리가 없게
섞어요.

2 ①에 연유와 분유를 넣고 섞은 뒤,
원하는 가루류를 넣으세요.

3 가루가 덩어리지지 않도록 고루 잘
섞어요.

4 반죽이 완성되면 상투 깍지를 낀 짤
주머니에 담아 오븐팬에 균일하게
짜요.

5 170℃로 예열한 오븐에서 15~20분
가량 구워요.

PARANDAL TIP

천연 가루로 고운 빛깔을 만들어보세요.

왼쪽부터 백련초가루, 단호박가루, 녹차가루, 코코아가루예요. 요즘은 제과제빵 쇼핑몰에서 앙
금을 비롯해 다양한 천연 가루를 판매해요. 저도 흰 앙금은 시판 제품으로 손쉽게 해결했어요.
하지만 앙금도 집에서 직접 만들면 더 좋겠죠? 시간은 좀 더 걸리지만 앙금을 만드는 방법은
생각보다 간단하답니다.

앙금 만들기

1 흰콩을 하루 정도 물에 푹 불려서 물을 2배 정도 붓고 끓여요. 압력솥을 이용하면 훨씬 시간을 줄일 수 있어요.
2 삶은 콩을 믹서에 넣어 곱게 간 다음, 면포에 싸서 물기를 꼭 짜요.
3 입맛에 맞게 설탕을 넣고 약한 불에서 눌어붙지 않게 끓여요. 다 식으면 그릇에 담아 냉장고에 넣어 차게 해요.

연인처럼 고소하고 달달한 쿠키
캐러멜 피칸 쿠키

피칸과 호두는 비슷해 보이지만 약간 다르게 생겼어요. 호두walnut는 우리가 흔히 보는 통통하고 둥근 형태이고, 피칸pecan은 약간 길쭉하고 좀 더 색이 짙어요. 맛에는 큰 차이가 없는데, 피칸이 호두에 비해 덜 씁쓸하고 단맛이 좀 더 강해요. 피칸에 캐러멜 토핑까지 듬뿍 올렸으니 고소하면서 달콤한 건 두말할 필요가 없겠죠?

재료(약 30개)

박력분 200g
황설탕 165g
버터 110g
달걀 1개
피칸 1컵

캐러멜 토핑
카라멜 1통(12개)
생크림 50ml

1 피칸은 반은 그대로 두고, 반은 믹서에 갈아요.

2 실온에 둔 버터에 황설탕을 넣고 설탕이 잘 녹도록 거품기로 저어요.

3 고루 풀어놓은 달걀을 서너 번에 나눠 넣으면서 거품기로 섞어요.

4 체 친 박력분과 ①의 간 피칸을 넣고 주걱으로 자르듯이 섞어 한 덩어리로 만들어요.

쿠키가 다 구워지면 꺼내서 판째 식히세요.

5 반죽을 15g씩 떼어 동글린 뒤 팬에 놓고 피칸을 꾹 눌러 박아요. 180℃ 오븐에서 12~14분가량 구워요.

6 캐러멜과 생크림을 준비하세요.

7 팬에 캐러멜과 생크림을 담아 약불에서 캐러멜이 녹을 때까지 살살 저어가며 데워요.

8 ⑤의 완성된 쿠키에 캐러멜을 포크로 찍어 지그재그로 모양을 내요.

espresso cookie

커피 좋아하세요?
에스프레소 쿠키

커피 좋아하세요? 전 커피보다 홍차나 녹차 등 차 종류를 좋아했는데, 좋은 원두를 맛있게 볶아서 판매하는 카페가 늘어나면서 커피도 즐겨 마시고 있어요. 커피 향 나는 쿠키를 만들어보면 어떨까 싶어 쿠키 반죽에 커피가루를 넣었어요. 커피랑 잘 어울리는 바삭바삭 고소한 에스프레소 쿠키예요.

재료(17~18개)

무염버터 100g
슈거파우더 60g
소금 1g
달걀노른자 2개분
커피 1ts
뜨거운 물 1ts
박력분 150g
아몬드 슬라이스 30g

장식용
달걀흰자 · 설탕 약간씩

1 실온에 둔 무염버터를 거품기로 멍울 없이 푼 뒤 슈거파우더와 소금을 넣고 가루가 날리지 않도록 살살 섞어요.

2 달걀노른자를 하나씩 넣어가며 거품기로 고루 섞어요.

3 커피 1ts에 뜨거운 물 1ts을 넣어 잘 녹인 뒤 ②에 넣고 섞어요.

4 체 친 박력분을 넣고 주걱으로 자르듯이 섞다가 아몬드 슬라이스를 넣고 섞어요.

5 반죽이 완성되면 냉장실에 30분가량 넣어뒀다가 꺼내어 두 손바닥으로 굴려 둥근 막대 모양을 만들어요.

6 막대 모양의 반죽을 유산지로 감싸서 냉동실에 2~3시간 굳혀요.

쿠키가 다 구워지면 꺼내서 판째 식히세요

7 굳힌 반죽을 꺼내 솔을 이용해 달걀흰자를 발라요. 설탕에 굴린 뒤 적당한 간격으로 잘라요.

8 팬에 유산지를 깔고 반죽을 일정한 간격을 두고 놓은 뒤 170℃로 예열한 오븐에서 12~15분간 구워요.

almond tuile

기왓장을 닮은 과자
아몬드 튀일

튀일은 프랑스어로 '기와'를 뜻하는데, 기왓장처럼 생긴 모양 때문에 붙여진 이름이에요. 우리나라 전병이나 일본의 센베이와 비슷하게 생겼어요. 지금은 대형 제과회사들에 밀려 사라지고 있지만, 제가 어릴 때는 전병을 파는 곳이 있어서 할머니가 동네에 놀러 가셨다가 집에 들어오실 때마다 전병을 한 봉지씩 사오셨어요. 전병과 비슷한 과자 튀일. 과자를 잘 안 드시는 어른도 좋아하실 거예요.

재료(지름 5cm 약 18개)

박력분 25g
아몬드가루 15g
버터 30g
달걀흰자 2개분
설탕 50g
아몬드 슬라이스 80g

빵순이들의 예리한 질문

Q 꼭 아몬드 슬라이스를 넣어야 하나요?
A 어떤 재료라도 활용할 수 있어요. 각자 입맛에 따라 다양한 재료로 만들어보세요. 코코넛 슬라이스나 검은깨를 넣어도 좋고, 생강을 갈아 약간 넣어 향을 더해도 좋지요. 취향에 맞게 만들어보세요.

1 달걀흰자를 멍울 없이 푼 뒤 설탕을 넣고 거품기로 고루 풀어요.

2 체 친 박력분과 아몬드가루를 넣고 거품기로 고루 섞어요.

3 아몬드 슬라이스를 넣고 부서지지 않도록 주걱으로 살살 섞어요.

4 버터를 냄비에 넣어 끓인 뒤 반죽에 넣고 매끄럽게 되도록 빠르게 섞어요.

5 랩을 씌워 냉장실에서 30분 이상 숙성시켜요.

이때 반죽을 숟가락으로 떠서 팬에 올린 뒤 포크로 이동하면 얇게 펼 수 있어요.

6 오븐팬에 유산지를 깔고 지름이 5cm 정도 되게 얇게 펴 바르고 160℃에서 12~15분 정도 구워요.

뜨거우니 반드시 면장갑을 끼고 하세요.

7 오븐에서 꺼내자마자 뜨거울 때 밀대에 올려 동그랗게 모양을 잡으세요.

8 동그랗게 모양이 잡아서 식혀요.

아몬드와 초콜릿의 어울림
아망디오 쇼콜라

초콜릿과 아몬드는 무척 잘 어울리는 재료예요. 초콜릿 반
죽에 아몬드 슬라이스를 넣은 쿠키는 아이부터 어른까지
누구나 좋아하더라고요. 맛이 고소해서 저도 무척 좋아하
는 과자랍니다. 아몬드 슬라이스는 살짝 구워서 넣으면 한
결 고소하고 맛있어요.

재료(약 20개)

무염버터 90g
슈거파우더 55g
소금 1g
박력분 125g
코코아가루 15g
달걀 1/2개(약 30g)
아몬드 슬라이스 40g

1 실온에 둔 말랑한 무염버터에 슈거파우더와 소금을 넣고 거품기로 부드럽게 섞어요.

2 달걀 푼 것을 두 번에 나눠 넣고 거품기로 고루 섞어요.

3 체 친 박력분과 코코아가루를 넣고 주걱으로 자르듯이 섞어요.

4 여기에 아몬드 슬라이스를 부숴 넣고 한 덩어리로 반죽한 다음, 비닐백에 담아 냉장실에 30분간 두어요.

5 냉장고에서 꺼내 손으로 지름 5cm 정도의 둥근 막대 모양이 되도록 굴려 냉동실에 2시간가량 굳혀요.

6 오븐팬에 유산지를 깔고 반죽을 1cm 두께로 썰어 올려놓아요. 180℃로 예열한 오븐에서 13~15분가량 구워요.

포장 아이디어

1 사각 종이봉투와 도일리, 리본 끈을 준비하고 쿠키는 비닐에 하나씩 포장해요.
2 봉투에 쿠키를 담고 윗부분의 가운데를 스테이플러로 고정한 뒤 양면테이프를 이용해 도일리를 붙여요. 리본을 묶어 가운데 붙이면 완성.

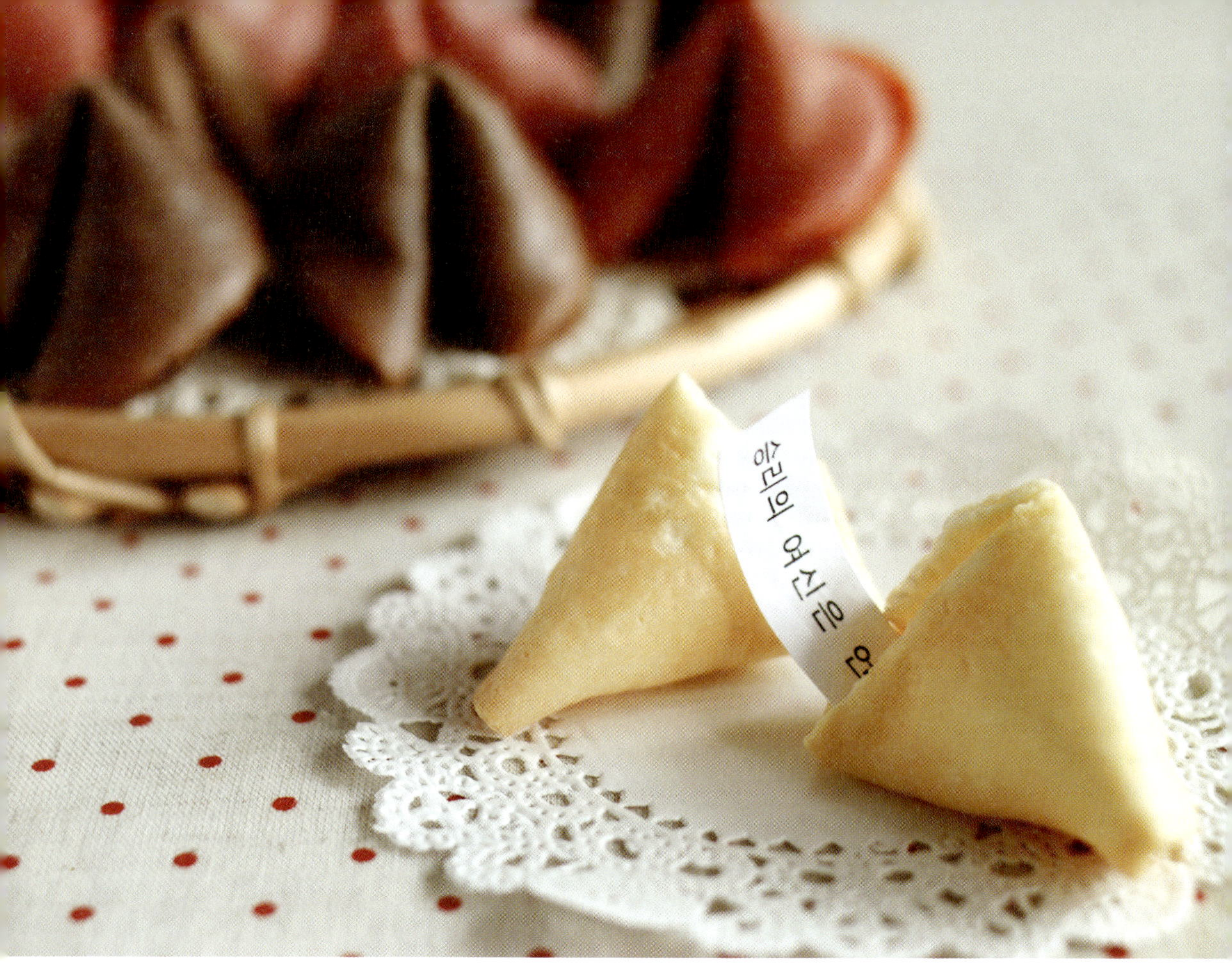

fortune cookie

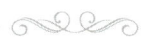

자꾸 궁금하게 하는

포춘 쿠키

포춘 쿠키는 가운데를 쪼개면 미래를 예언하는 종이가 나오는 중국식 과자를 말해요. 안에 어떤 내용이 들어 있을까 궁금하게 하는 포춘 쿠키. 다양한 이야기와 사랑의 메시지를 담아 즐거운 이벤트를 준비해보세요.

재료(17~18개)

중력분 or 박력분 45g
달걀흰자 60g
슈거파우더 40g
버터 15g
식물성 오일(또는 포도씨유)
10g
코코아가루(또는 백련초가
루 등 원하는 색의 가루) 1ts

원하는 문구를 적거나
프린트해서 가로 7cm, 세로
1cm 정도 자르는데 내용이
걸면 종이를 반으로 접어요.

1 쿠키 안에 들어갈 종이를 만들
어요.

2 볼에 달걀흰자를 풀고 식물성
오일과 전자레인지에 녹인 버터
를 차례로 넣은 다음 거품기로
잘 섞어요.

3 체 친 슈거파우더를 넣고 거품
기로 고루 섞어요.

4 체 친 중력분을 넣고 덩어리지
지 않게 거품기로 잘 풀어요.

이때 원하는 색의 다른
가루를 넣어도 좋아요.

5 매끄럽게 섞이면 코코아가루를
넣고 거품기로 잘 섞어요.

6 반죽이 완성되면 실온에 10분가
량 두어요.

7 오븐팬에 유산지를 깔고 반죽을
밀전병 바르듯 숟가락으로 얇게
편 뒤 170℃로 예열한 오븐에서
7~8분간 구워요.

오븐에서 꺼내자마자
재빨리 작업하지 않으면
금방 굳어요.

8 손에 면장갑을 끼고 반죽을 들
어 올린 다음 ①의 종이를 끼워
반으로 접어요.

9 반으로 접은 반죽의 양쪽 끝을
붙여서 오므려요.

10 같은 방법으로 남은 반죽도 구
워서 모양을 만들어 식혀요.

그윽한 향이 매력적인
허브 쿠키

심신을 안정시키는 다양한 효능으로 사랑받는 허브. 특히
로즈마리는 항균과 살균 효과가 있고 특유의 향이 뇌의
활성을 도와 기억력 향상에도 좋다고 해요. 로즈마리는 비
교적 키우기 쉬워서 저도 집에서 키워본 적이 있는데, 잎
을 따서 차로 마시거나 빵과 쿠키를 만들 때 넣어도 좋아
요. 로즈마리는 향이 진해서 사람에 따라 호불호가 나뉠
수 있으니, 로즈마리를 넣은 허브 쿠키를 선물할 때는 받
는 사람의 취향을 미리 확인하세요.

재료(약 20개)

박력분 120g
버터 70g
슈거파우더 55g
달걀노른자 1개분
생 로즈마리 4g

빵순이들의 예리한 질문

Q 말린 로즈마리를 사용하
면 안 되나요?

A 저는 생 로즈마리를 넣
었지만 말린 것을 사용해도
상관없어요. 말린 로즈마리
는 1/2ts 정도로 소량만 넣
는 게 좋은데, 많이 넣으면
향이 너무 진하거든요. 남은
로즈마리는 차로 마시면 좋
아요.

로즈마리 대신
라벤더나 딜, 펜넬
등을 넣어도 좋아요.

1 생 로즈마리는 잘게 다져서 준비해요.

2 실온에 둔 버터에 슈거파우더를 넣
고 거품기로 부드럽게 섞어요.

3 ②에 달걀노른자를 두 번에 나눠 넣
으면서 거품기로 부드럽게 섞어요.

4 체 친 박력분과 ①의 로즈마리를 넣
고 주걱으로 자르듯이 섞어요.

반죽을 유산지에 싸서
긴 자를 이용해 다듬으면 쉽게
모양을 잡을 수 있어요.

5 한 덩어리가 되면 냉장실에 30분가
량 넣어두었다 꺼내 길쭉한 직사각
형으로 모양을 잡아요.

6 반죽을 냉동실에 2시간가량 넣어두
었다가 꺼내 1cm 두께로 잘라요.

다 구워지면 오븐에서
꺼내 잠시 두었다가 식힘망에
옮겨 식히세요.

7 오븐팬에 유산지를 깔고 적당한 간
격으로 반죽을 놓은 다음 180℃로
예열한 오븐에서 12~14분가량 구
워요.

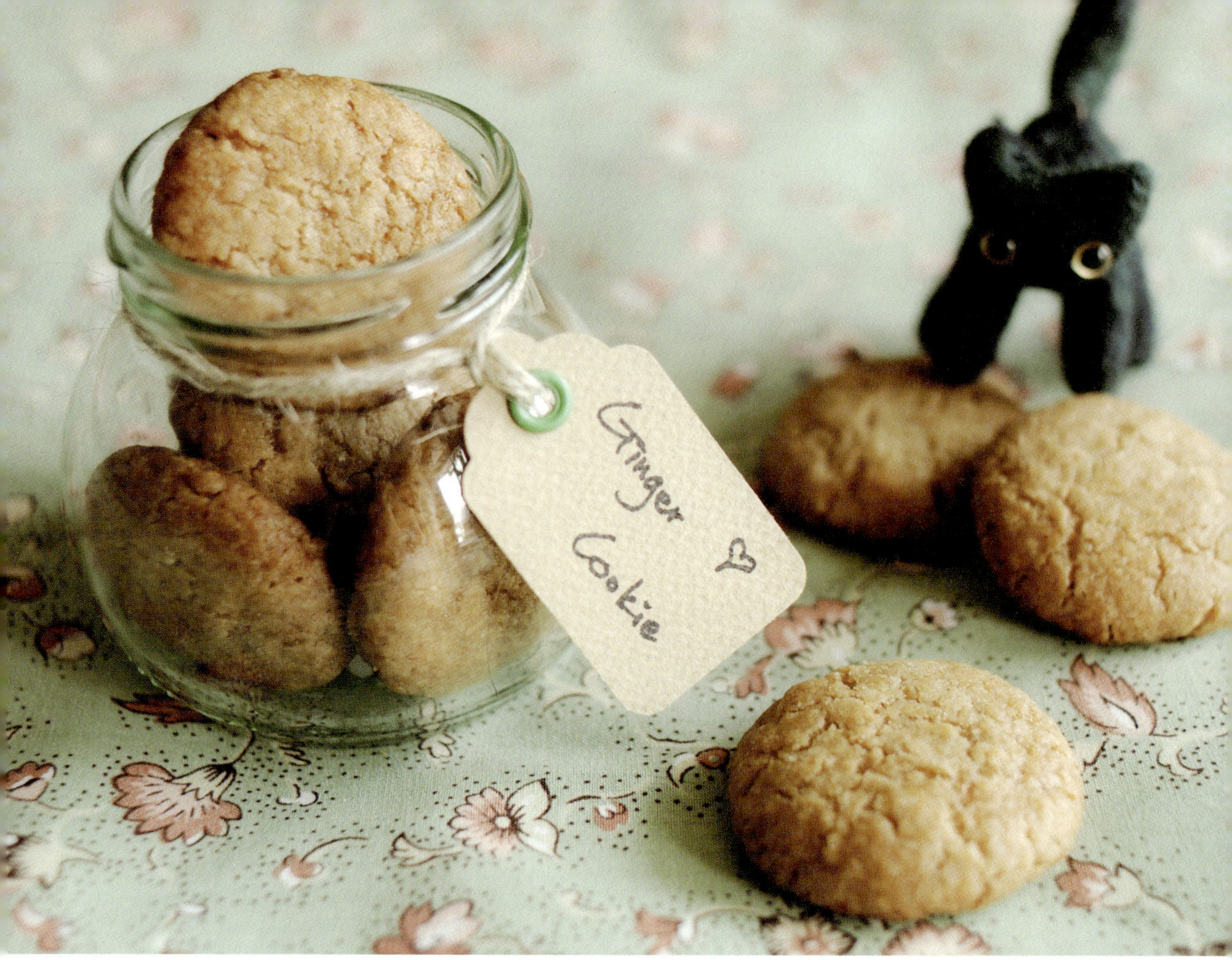

ginger cookie

알싸해서 더 끌리는

생강 쿠키

어릴 때는 잘 안 먹었는데 크면서 좋아하는 식품이 있어요. 전 어릴 때는 고추나 양파같이 매운 음식을 잘 안 먹었는데, 크니까 변하더라고요. 그중 하나가 생강인데, 어릴 때는 생강을 싫어해서 수정과 대신 언제나 식혜만 마셨어요. 지금은 없어서 못 먹는답니다. 생강을 갈아 넣은 생강 쿠키는 알싸하면서 달콤한 맛이 참 좋아요.

재료(17~18개)

박력분 150g
황설탕 70g
생강 간 것 2ts
버터 60g
꿀 2Ts

1 생강은 껍질을 벗겨 강판에 갈아요.

버터 덩어리가
클 때는 스크래퍼로
조각을 내세요

2 체 친 박력분에 황설탕을 넣고 주걱으로 고루 섞은 뒤 차가운 버터를 넣고 보슬보슬 손으로 비벼 섞어요.

3 생강 간 것을 넣고 향이 고루 배도록 손으로 살짝 비벼 섞어요. 이때 버터가 녹지 않도록 주의하세요.

4 ③에 꿀을 넣고 주걱으로 섞어 한 덩어리로 뭉쳐요. 상태에 따라 꿀이 1/2큰술 정도 더 들어가기도 해요. 반죽을 비닐백 담아 냉장실에 30분가량 넣어두세요.

5 반죽을 냉장실에서 꺼낸 다음 10g 정도씩 나눠 동그랗게 만들어요. 오븐팬에 유산지를 깔고 반죽을 일정한 간격을 두고 올려놓아 180℃로 예열한 오븐에서 12분가량 구워요.

PARANDAL TIP

남은 생강 활용법

쿠키에 생강을 2ts만 넣어서 생강이 많이 남았을 때는 생강차를 만들어보세요. 열탕소독한 유리병에 생강을 갈거나 저며서 담고, 꿀을 생강과 1:1 비율로 넣은 뒤 냉장고에 3일 정도 보관하면 됩니다. 목이 칼칼하거나 감기 기운이 있을 때 뜨거운 물을 부어 마시면 좋아요.

은은한 향이 혀끝에 남는
홍차 쿠키

일본 애니메이션 〈고양이의 보은〉에는 자신을 바론 남작이라고 부르는 멋진 고양이가 나와요. 그 고양이가 주인공인 여자아이를 집으로 데려와서 대접한 게 직접 끓인 '바론 남작 브랜드 홍차'랍니다. 참 근사하죠? 이렇게 백작 이름을 딴 홍차가 있는데 바로 '얼그레이earl grey'예요. 베르가못 향이 진해서 빵이나 과자에 넣으면 향이 오래도록 남아요.

재료(22~23개)

박력분 150g
아몬드가루 50g
버터 110g
슈거파우더 80g
생크림(또는 우유) 30g
홍차 티백 2개
(또는 잎차 6g)

1 생크림을 살짝 데운 뒤 티백 하나를 넣고 3분 정도 우려요.

2 볼에 실온의 버터를 넣고 거품기로 부드럽게 섞다가 슈거파우더를 넣고 고루 섞이도록 저어요.

3 ②에 ①의 밀크티를 넣고 거품기로 잘 섞어요.

4 체 친 박력분과 아몬드가루를 넣고 주걱으로 자르듯이 섞다가 남은 티백 하나를 뜯어 가루만 넣어요.

5 한 덩어리가 되면 냉장실에 30분가량 두었다가 꺼내 밀대를 이용해 직사각형으로 밀어요.

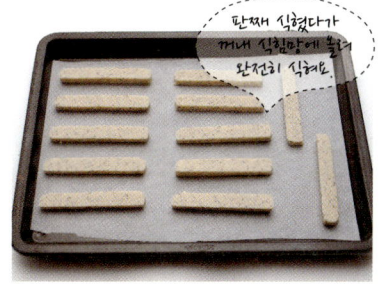

판째 식혔다가 꺼내 식힘망에 올려 완전히 식혀요

6 1cm 정도의 간격으로 길쭉하게 잘라 유산지를 깐 오븐팬에 올린 뒤 180℃로 예열한 오븐에서 12~15분가량 구워요.

PARANDAL TIP

밀크티 맛있게 끓이기

재료 물 100ml, 우유 100ml, 홍차 잎 3g, 설탕 1~2Ts

1 냄비에 물을 붓고 끓이다 끓어오르면 홍차 잎을 넣고 바로 불을 끄고 3분 정도 그대로 둬요.
2 우유를 넣고 냄비의 가장자리에 작은 거품이 보글보글 일어날 때까지 데워요.
3 바로 불을 끄고 찻잎을 체에 거른 다음 취향에 따라 설탕을 타서 마셔요.

parmesan cheese cookie

월레스도 좋아하고 나도 좋아하는

파르메산 치즈 쿠키

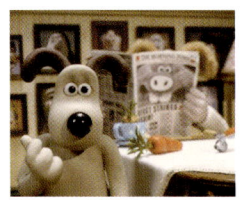

제가 열광하는 영화 시리즈가 있는데 그 중 하나가 〈월레스와 그로밋〉이에요. 에피소드 중에 치즈를 구하러 달나라에 가는 이야기가 있어요. 월레스는 크래커에 치즈를 얹어 먹는 걸 좋아하는데, 마침 치즈가 떨어졌고 달은 치즈로 덮여 있었거든요. 파르메산 치즈를 가득 넣은 파르메산 치즈 쿠키는 크래커와 치즈가 가득하니 월레스가 무척 좋아하겠죠?

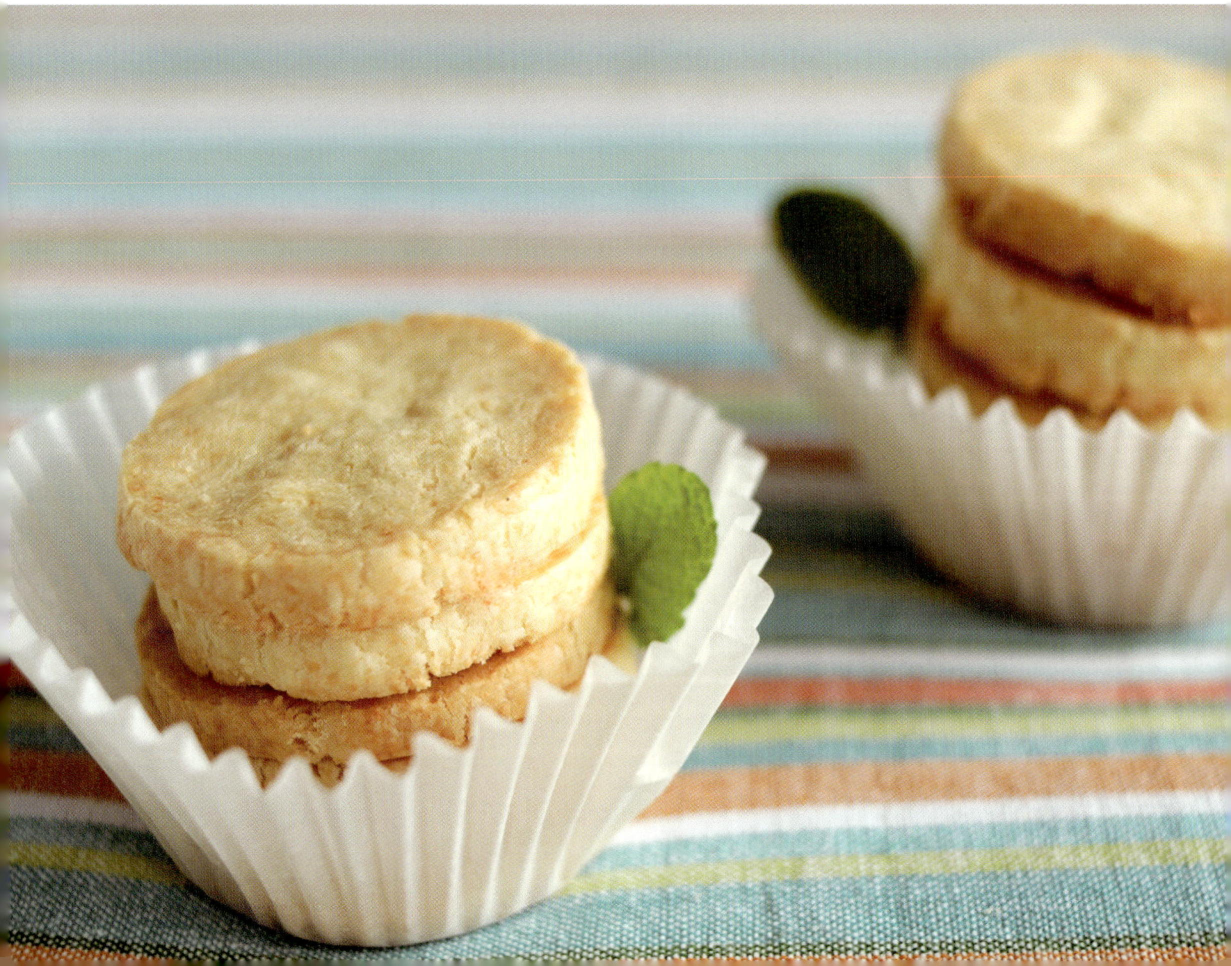

재료(17~18개)

박력분 150g
파르메산 치즈 90g
무염버터 85g
달걀노른자 1개분
우유 1Ts

1 실온에 둔 무염버터에 달걀노른자를 넣고 부드럽게 거품기로 섞어요.

2 ①에 파르메산 치즈를 넣고 고루 섞이도록 저어요.

3 우유를 넣고 섞은 뒤 체 친 박력분을 넣고 주걱으로 자르듯이 섞어 한 덩어리로 반죽해요.

4 한 덩어리가 되면 반죽을 비닐백에 담아 냉장실에 30분가량 넣어둬요.

5 약간 단단해진 반죽을 꺼내 두 손으로 둥근 막대 모양으로 만든 뒤 다시 냉장고에 2시간가량 넣어둬요.

6 반죽을 꺼내 1cm 두께로 일정하게 잘라 유산지를 간 오븐팬에 올려요. 180℃로 예열한 오븐에서 15분가량 구운 뒤 식힘망에 올려 식혀요.

포장 아이디어

쿠키를 포장할 때 머핀 컵을 이용하면 어떨까요? 사진처럼 쿠키를 머핀 컵에 담아 비닐에 넣은 다음 위를 리본으로 묶으세요. 간단하면서 깔끔해 보인답니다.

잘 고른 호두 한 알이면 충분!
호두 쿠키

호두 쿠키는 맛있는 호두를 선택하는 게 관건이에요. 호두
가 눅눅하다면 미리 한번 구워서 고소하게 만든 다음 넣
어야 맛있는 쿠키를 만들 수 있어요. 아이들보다는 어른
들이 더 좋아하는 호두 쿠키를 만들어 부모님이나 아이들
선생님께 선물해보세요.

재료(약 20개)

무염버터 80g
설탕 55g
달걀노른자 1개분
소금 1g
베이킹파우더 1g
박력분 150g
호두 55g
설탕(장식용) 약간
우유 약간

PARANDAL TIP

흔하지는 않지만 쿠키 겉면
에 크리스털 설탕이라는 입
자가 굵은 설탕을 묻히면 쉽
게 녹지 않아 반짝이는 효
과를 낼 수 있어요. 크리
스털 설탕은 수입 제과
제빵 쇼핑몰에서 구입
할 수 있어요.

1 호두는 미리 150~160℃의 오븐에
8~9분간 구워 완전히 식혀서 준비
해요.

2 구운 호두의 20g은 곱게 갈고, 남은
호두는 굵게 다져요.

3 실온의 무염버터를 부드럽게 풀고, 설
탕을 넣은 뒤 거품기로 잘 섞어요.

4 달걀노른자를 넣고 거품기로 잘 섞
어요.

5 체 친 박력분과 베이킹파우더, 소금
을 넣고 섞다가 호두 간 것과 다진
호두를 넣고 섞어요.

6 반죽이 한 덩어리가 되면 냉장고에
넣어 잠깐 휴지시켰다가 둥글고 긴
막대 형태로 모양을 잡아요.

7 냉동실에 1시간 넣어뒀다가 꺼내 반
죽 겉면에 우유를 살짝 바르고 설탕
B에 굴려요.

8 1cm 두께로 잘라 오븐팬에 올리고
170~180℃로 예열한 오븐에서 14
~15분가량 구워요.

candy cookie

사탕과 쿠키 두 가지 맛을 한번에!
사탕 쿠키

반짝반짝 투명하게 비치는 달콤한 사탕에 고소한 쿠키까지 알록달록 예쁜 모양에 손이 먼저 가요.

재료(15~20개)

무염버터 75g
슈거파우더 65g
달걀 30g
박력분 145g
아몬드가루 15g
소금 1g
사탕(다양한 색) 10개

1 실온의 부드러운 버터를 멍울
없이 잘 푼 뒤 슈거파우더를 체
쳐 넣고 섞어요.

2 ①에 푼 달걀을 두세 번에 나눠
넣으며 섞어요.

3 체 친 박력분과 아몬드파우더,
소금을 넣고 섞어요.

4 한 덩어리가 되면 둥글고 평평
하게 밀어서 랩으로 싸서 냉장
고에 1시간가량 넣어둬요.

5 믹서에 사탕을 넣고 곱게 갈아
준비해요.

6 ④를 냉장고에서 꺼내 0.5cm
두께로 얇게 밀어요.

7 둥근 주름 커터로 찍어낸 뒤 가
운데는 작은 모양 커터를 이용
해 찍어요.

사탕이 녹으면
양이 줄어드니 조금
넉넉히 채우세요.

8 찍어낸 부분에 갈아놓은 설탕을
채워 넣어요.

뜨거운 오븐에서 막
꺼냈을 때는 사탕이 녹아 있기
때문에 완전히 식힌 뒤
떼어내세요.

9 180℃의 오븐에서 10분가량 구
워요.

caramel green tea cookie

쿠키 하나에 두 가지 맛
캐러멜 녹차 쿠키

녹차의 쌉쌀한 맛에 캐러멜의 달콤함까지
모두 누릴 수 있어요. 굽는 동안 주방 가득
풍기는 캐러멜 향에 기분까지 달콤해져요.

재료(11~12개)

무염버터 90g
설탕 65g
달걀 1/2개(30g)
박력분 150g
녹차가루 3g
베이킹파우더 1/2ts
캐러멜 10개

1 캐러멜은 반으로 잘라요.

2 볼에 실온의 버터를 넣고 부드럽게 섞어요.

3 설탕을 넣고 서걱거리는 소리가 잦아들 때까지 잘 섞어요.

4 ③에 잘 풀어놓은 달걀을 넣고 섞어요.

5 체 친 박력분과 녹차가루를 넣고 주걱으로 자르듯이 섞어요.

6 ⑤의 반죽을 조금씩 떼어놓고, ①의 캐러멜을 얹어 180℃에서 12분가량 구워요.

earl grey cookie

진한 홍차 맛이 유혹하는
얼그레이 쿠키

더 이상 홍차를 우리는 3분간 기다릴 필요가 없어요. 베르가못 향의 얼그레이로 진한 홍차 쿠키를 구워보세요.

재료(약 30개)

얼그레이 찻잎 5g
무염버터 135g
슈거파우더 80g
달걀노른자 1개분
박력분 180g
아몬드가루 50g

PARANDAL TIP

냉동실에 얼려둔 쿠키 반죽
은 한 달 정도 사용할 수 있
어요. 냉동 보관했다가 먹고
싶을 때마다 조금씩 꺼내 구
우면 언제라도 맛있는 쿠키
를 먹을 수 있어요.

1 믹서에 티백 1개 분량의 얼그레이 찻
잎을 뜯어 넣고 곱게 갈아요.

2 실온의 부드러운 무염버터에 슈거
파우더를 넣고 잘 섞어요.

3 여기에 달걀노른자를 넣고 다시 잘
섞어요.

4 ①의 얼그레이 찻잎 가루를 넣고 고
루 섞어요.

5 체 친 박력분과 아몬드가루를 넣고
주걱으로 자르듯이 섞어요.

6 한 덩어리가 되면 볼에서 꺼내 기
다란 막대 모양이 되도록 모양을 잡
아요.

7 반죽을 유산지로 감싸 냉동실에서 1
시간 이상 굳혀요.

8 반죽을 꺼내 실온에 잠깐 두었다가
1cm 두께로 잘라 180℃에서 10~
12분가량 구워요.

potato cracker

텃밭의 싱그러움을 담은
감자 크래커

마트에서 파는 감자 크래커 대신 집에서 만든 건강한 쿠키로 아이들 간식을 준비해보세요. 담백하고 고소한 맛에 아이는 물론 어른들도 자꾸만 손이 가요.

재료(8~9개 분량)

박력분 150g
소금 1g
설탕 15g
식물성 오일 40g
감자(쪄서 으깬 것) 100g
설탕(장식용) 약간

1 감자는 폭신하게 쪄서 곱게 으깨요.

오일은 카놀라유나 포도씨유를 이용하세요.

2 박력분과 소금, 설탕을 한데 섞고 오일을 넣고 부슬부슬하게 섞어요.

3 부슬부슬하게 잘 섞이면 ①을 넣고 한 덩어리가 되도록 반죽해요.

4 반죽이 완성되면 밀대를 이용해 0.5cm 두께로 밀어요.

5 반죽을 직사각형으로 자른 뒤 오븐 팬에 올리고 포크로 구멍을 내요.

6 반죽에 설탕을 뿌리고 오븐에서 170℃로 20분가량 구워요.

chocolate sand cookie

초콜릿이 준비한 깜짝 이벤트
초콜릿 샌드 쿠키

한입 깨물면 숨어 있던 달콤한 초콜릿이 가득한 뜻밖의
즐거움을 선사하는 쿠키랍니다. 초콜릿으로 귀여운 얼굴
을 그려보세요.

재료(7~8개)

초콜릿 필링
다크 초콜릿 100g
생크림 50g

쿠키
무염버터 80g
슈거파우더 70g
달걀 40g
박력분 110g
아몬드가루 15g
소금 1g
달걀흰자(반죽에
바르는 용도) 약간

초콜릿 필링

1 다진 다크 초콜릿에 끓인 생크림을 붓고 1분 정도 기다려요.

2 초콜릿이 말랑해지면 주걱으로 저어가며 매끈하게 섞은 다음 실온에 둬요.

쿠키

3 실온에 둔 부드러운 무염버터에 슈거파우더와 소금을 넣고 거품기로 섞다가 달걀 푼 것을 나눠 넣으며 잘 섞어요.

4 체 친 박력분과 아몬드가루를 넣고 주걱으로 자르듯이 섞어요.

5 반죽이 한 덩어리가 되면 비닐이나 랩을 씌워 납작하게 펴서 냉장고에 30분 이상 휴지시켜요.

6 휴지시킨 반죽을 밀대로 얇게 밀어 지름 5cm 정도의 원형 주름틀을 이용해 잘라요.

7 짤주머니에 초콜릿 필링을 담아 잘라낸 반죽의 한쪽 면에 조금씩 짜 올려요.

8 가장자리에 달걀흰자를 붓으로 얇게 발라요.

9 ⑦ 위에 다른 한쪽 면의 반죽을 올린 뒤 포크로 모양을 내면서 꼭꼭 붙여요.

10 180℃로 예열한 오븐에서 12분 정도 구워요.

쿠키에 빠진 버터의 매력!
버터링 쿠키

진한 버터향이 부드럽게 퍼지는 버터링 쿠키는 식감이
부드러워서 사랑받는 메뉴에요. 달콤한 향을 더하고 싶다
면 바닐라 에센스를 한 두 방울 더하거나 바닐라 설탕을
약간 넣어주세요. 버터향이 더 진하게 느껴진답니다.

재료(11~12개)

무염버터 105g
슈거파우더 40g
달걀 35g
박력분 120g
아몬드가루 35g
소금 1g

1 볼에 실온의 부드러운 무염버터를 넣고 덩어리 없이 잘 풀어요.

2 여기에 슈거파우더를 넣고 거품기로 잘 섞어요.

3 실온의 달걀을 넣고 고루 섞어요.

4 체 친 박력분과 아몬드가루, 소금을 넣고 주걱으로 자르듯이 섞어요.

5 짤주머니에 별 깍지를 끼고 반죽을 담아요.

6 오븐팬에 반죽을 짠 뒤 180℃에서 12~15분가량 구워요.

PARANDAL TIP

버터링 쿠키는 반죽이 단단할 때 짜야 모양이 예쁘게 나와요. 버터가 녹아서 힘이 없어지기 전에 재빨리 반죽을 짜세요.

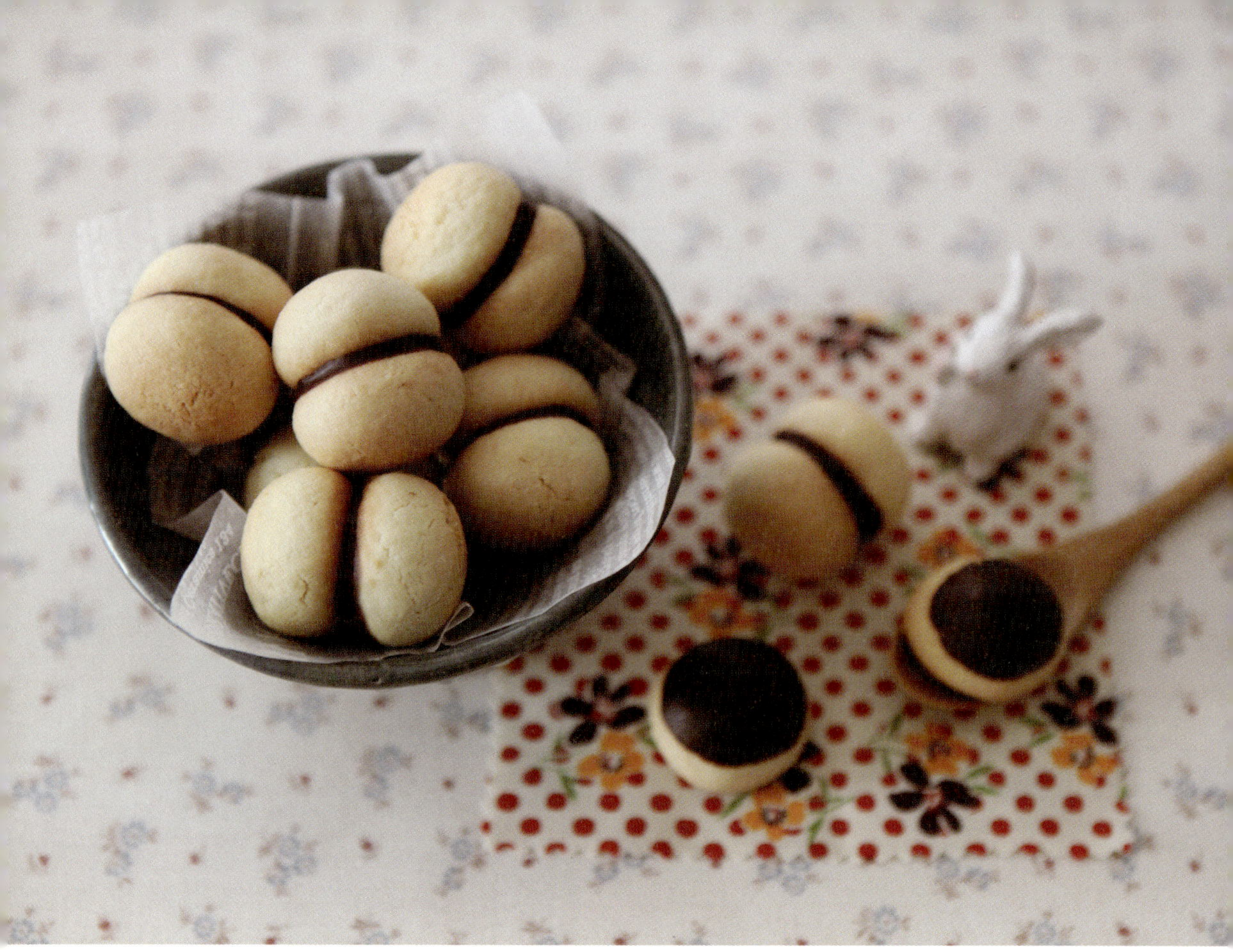

almond chocolate petit ball

친구에게 선물하기 좋은

아몬드 초콜릿 프티 볼

이탈리아에는 바치 디 다마baci di dama라는 쿠키가 있는데, 동그란 쿠키 두 개를 맞붙인 모양의 쿠키예요. 그 모습이 키스하는 연인을 연상시키는지 이 쿠키는 '여인의 키스'라는 뜻을 지니고 있답니다. 이탈리아에서 맛 본 '바치 디 다마'를 떠올리며 만들어 보았어요.

재료(15~20개)

무염버터A 75g
슈거파우더 55g
달걀 1/2개
박력분 100g
아몬드가루 75g
소금 1g

가나슈
초콜릿 100g
무염버터B 25g
생크림 30g

1 실온에 두어 부드러워진 무염버
터A에 슈거파우더를 넣고 거품
기로 잘 섞어요.

2 ①에 푼 달걀을 두세 번에 나눠
넣으면서 잘 섞어요.

3 체 친 박력분과 아몬드가루, 소
금을 넣고 주걱으로 자르듯이
섞어요.

4 반죽이 한 덩어리가 되면 냉장
고에 넣어 30분가량 휴지시켜요.

5 반죽은 꺼내 8g 정도씩 나눠 오
븐팬에 올린 뒤 180℃에서 12~
15분가량 구워요.

초콜릿은 중탕하거나
전자레인지에 녹여도

6 초콜릿은 녹인 뒤 따뜻하게 데운
생크림을 넣고 섞어요. 여기에
실온의 부드러운 무염버터B를
넣고 잘 섞어요.

7 구운 쿠키가 완전히 식으면 ⑥의
초콜릿을 한쪽 면에 발라요.

8 초콜릿을 묻힌 쿠키 두 개를 맞
붙여요.

chocolate macaron

소녀의 마음을 훔친 달콤한 도둑

초콜릿 마카롱

나풀나풀 프릴 스커트를 입은 소녀 같은 마카롱. 달걀 흰
자과 아몬드가루, 설탕을 기본으로 만드는 머랭 쿠키의 일
종이에요. 현재는 프랑스를 대표하는 과자로 잘 알려져 있
지만 원래는 이탈리아 수도원에서 수녀님들이 만들던 과
자라고 해요. 반죽하는 과정이 조금 까다롭지만 테크닉만
익히면 집에서 만드는 것도 문제없어요.

재료(14~15개)

마카롱
아몬드가루 65g
코코아파우더 5g
슈거파우더 80g
달걀흰자 58g
설탕 30g

가나슈
다크 초콜릿 50g
생크림 40g
버터 15g

마카롱

1 달걀흰자에 설탕을 조금씩 넣어 가며 단단하게 머랭을 만들어요.

2 머랭에 체 친 아몬드가루와 코코아파우더, 슈거파우더를 한번에 넣고 거품이 꺼지지 않게 주걱으로 잘 섞어요.

3 반죽을 스크래퍼나 주걱으로 볼의 가장자리에 바르며 거품을 적당히 꺼트려요.

4 볼에 반죽을 펴 바르는 과정을 서너 번 반복해요.

5 짤주머니에 1cm 원형 깍지를 껴서 반죽을 담은 다음, 오븐팬에 유산지나 테프론시트를 깔고 지름 3cm 정도의 원형으로 짜요.

6 이 상태로 실온에서 30~40분쯤 말려 손에 묻어나지 않을 정도가 되면 150℃의 오븐에 넣어 10분가량 구워요.

가나슈

7 잘게 자른 다크 초콜릿에 뜨겁게 데운 생크림을 붓고 잠시 후 부드럽게 섞어요.

8 여기에 실온의 부드러운 버터를 넣고 매끄럽게 섞어요.

9 구운 마카롱 한쪽에 가나슈를 바르고, 그 위에 크기가 같은 마카롱 한쪽을 얹어요.

바삭바삭 맛있는 소리의 주인공

브라운 시가렛 쿠키

레이스 무늬의 쿠키를 돌돌 말아 놓은 시가렛 쿠키랍니다.
오트밀을 듬뿍 넣어서 씹는 맛도 좋고 다른 디저트를 장
식하기에도 좋아요. 반죽을 나눠서 굽지 않고 크게 한 판
을 구운 뒤 손으로 뚝뚝 잘라 사용해도 자연스러운 모양
이 예쁘답니다.

재료(12~15개)

시가렛 쿠키

무염버터 32g
물엿A 25g
황설탕 37g
오트밀 30g
박력분 25g

초콜릿 글레이즈

다크 초콜릿 80g
생크림 20g
물엿B 1ts

PARANDAL TIP

쿠키가 뜨거울 때 말기 어려우면 오븐팬에서 그대로 식혀요. 자연스럽게 생기는 레이스 무늬가 예뻐서 디저트를 장식하기에 안성맞춤이에요.

1 팬에 무염버터와 물엿A, 황설탕을 넣고 끓이다가 설탕이 녹으면 불을 끄고 오트밀과 박력분을 넣고 섞어요.

온도가 오르면 반죽의 부피가 갑자기 커지기 때문에 간격을 충분히 주세요.

2 반죽을 잠시 식히고 오븐팬에 적당량씩 떼어놓아요.

오븐 안에서 보글보글 끓다가 잠잠해지면 다 구워진 거예요.

3 180℃로 예열한 오븐에서 5~7분가량 구워요.

4 쿠키를 오븐에서 꺼내자마자 뜨거울 때 면장갑을 끼고 막대에 돌돌 말아 모양을 잡아요.

5 다크 초콜릿은 중탕하거나 전자레인지에 녹여요.

6 생크림과 물엿을 섞어 뜨겁게 데운 뒤 녹인 초콜릿에 조금씩 부어가며 섞어요.

7 쿠키가 완전히 식으면 초콜릿 글레이즈에 찍어 장식해요.

blueberry meringue cookie

보송보송 새콤한 솜사탕 맛
블루베리 머랭 쿠키

⌘

한입 깨물면 입안에서 달콤함이 눈 녹듯 사르르~ 보랏빛
이 돋보이는 장미 같은 예쁜 모양도 눈을 즐겁게 해요.

재료(약 30개)

달걀흰자 80g
설탕 80g
블루베리파우더 5g
or 보라색 식용색소
2~3방울

볼의 물기를 완전히 제거하세요.

1 깨끗한 볼에 달걀흰자를 넣어요.

2 핸드믹서를 이용해 거품을 내다 설탕을 조금씩 넣어가며 단단하게 휘핑해요.

3 핸드믹서 끝에 달린 거품이 뾰족해지도록 단단하게 거품을 내요.

딸기가루나 녹차가루 등 천연 가루를 넣어 다양한 색상의 머랭 쿠키를 만들어보세요.

4 곱게 체 친 블루베리파우더를 넣고 잘 섞어요.

5 이때 주걱으로 오래 섞으면 거품이 꺼질 수 있으니 거품이 꺼지지 않도록 빠르게 섞어요.

색이 변하지 않게 약한 불로 천천히 구우세요.

6 별 모양의 깍지를 끼고 짤주머니에 반죽을 담고 오븐팬에 짠 뒤 100℃의 오븐에서 1시간 30분가량 말리듯 구워요.

PARANDAL TIP
머랭 쿠키는 달걀흰자가 많이 남았을 때 만들면 좋답니다.

strawberry dacquoise

입에서 사르르 녹아내리는
스트로베리 다쿠아즈

솜사탕처럼 부드러운 다쿠아즈에 상큼한 스트로베리 크림이 듬뿍~ 여자들을 위한 특별한 티타임을 준비했답니다.

스트로베리 크림
무염버터 90g
슈거파우더 30g
우유 10g
스트로베리 퓌레 20g

다쿠아즈
달걀흰자 80g
설탕 30g
박력분 17g
아몬드가루 50g
슈거파우더 55g

1 실온의 무염버터를 부드럽게 풀고 슈거파우더를 넣고 섞어요.

2 우유와 스트로베리 퓌레를 넣고 거품기로 잘 섞어요.

3 달걀흰자에 설탕을 조금씩 넣어가며 핸드 믹서로 단단하게 휘핑해요.

4 체 친 박력분과 아몬드가루, 슈거파우더를 넣고 거품이 꺼지지 않도록 재빨리 섞어요.

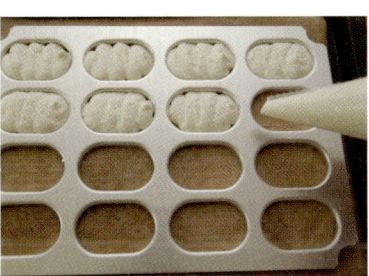

5 오븐팬에 유산지를 깔고 다쿠아즈 틀을 올린 뒤 ④의 반죽을 짜 넣어요.

6 스패튤러나 스크래퍼를 이용해 윗면을 평평하게 정리해요.

7 다쿠아즈틀은 꺼낸 다음 슈거파우더를 얇게 뿌린 뒤 160℃의 오븐에서 12분가량 구워요.

8 구운 다쿠아즈를 식혀 가운데 ②의 스트로베리 크림을 바른 뒤 다른 다쿠아즈를 맞붙여요.

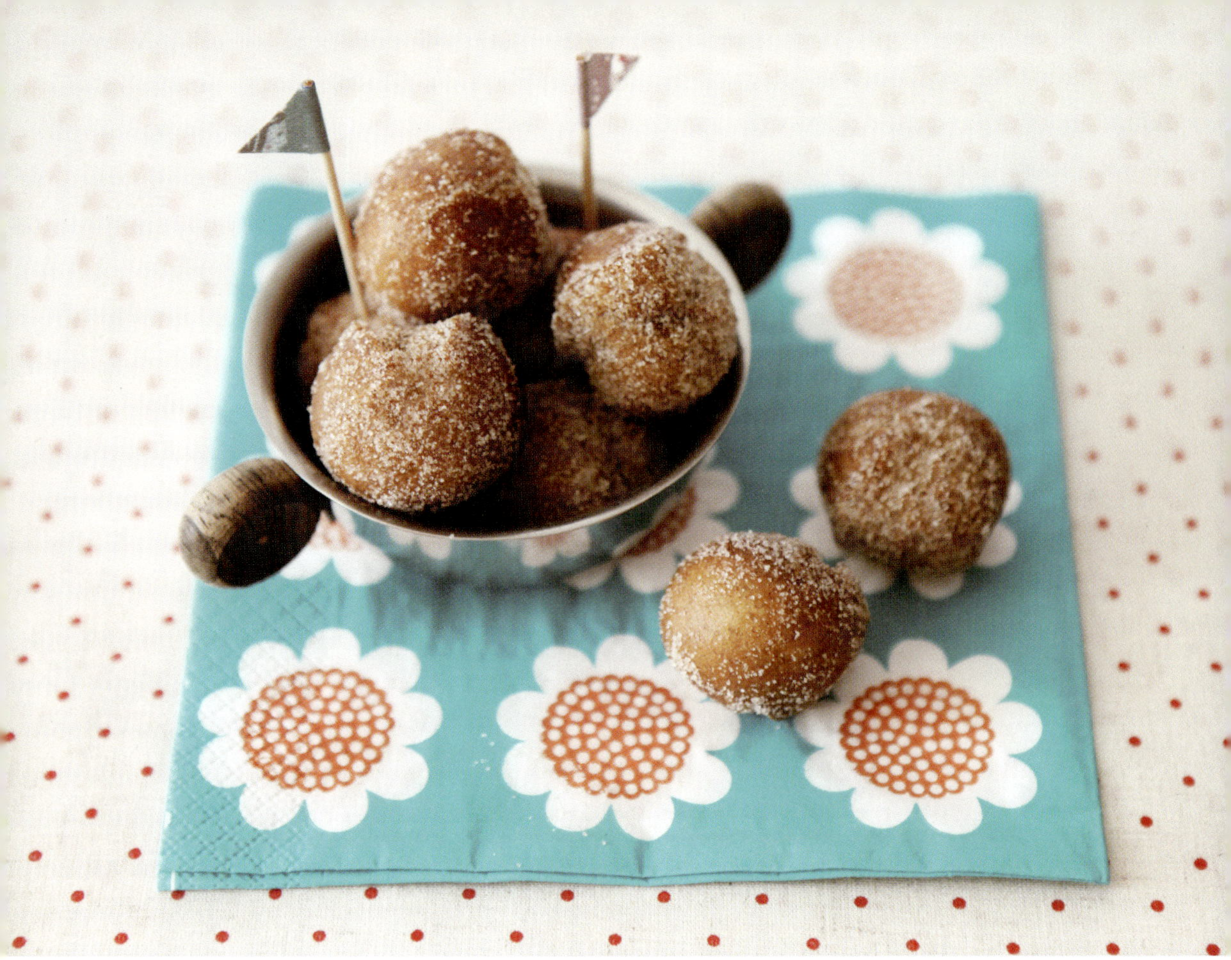

cinnamon donut

그윽한 냄새로 먼저 반한

시나몬 도넛

동글동글 달콤한 도넛은 어릴 때 엄마가 간식으로 해주시던 메뉴에요. 설탕을 듬뿍 묻힌 도넛을 먹던 순간의 즐거움은 지금도 떠올라요. 시나몬파우더를 넣어주면 좀 더 어른스러운 맛의 도넛처럼 느껴진답니다.

재료(약 20개)

달걀 50g
흑설탕 30g
무염버터 15g
소금 1g
박력분 120g
베이킹파우더 3g
시나몬파우더A 1/2ts
식용유 적당량

장식

설탕 80g
시나몬파우더B 1/2ts

1 볼에 달걀을 잘 푼 뒤 흑설탕과 녹인 무염버터, 소금을 넣고 거품기로 잘 섞어요.

2 여기에 체 친 박력분과 베이킹파우더, 시나몬파우더A를 넣고 주걱으로 잘 섞어요.

3 반죽이 한 덩어리가 되면 비닐이나 랩으로 싸서 냉장고에 30분가량 넣어둬요.

4 반죽을 냉장고에서 꺼내 10g 정도씩 나눠 동그랗게 빚어요.

5 튀김팬에 식용유를 넣고 170℃가 되면 하나씩 넣어가며 2~3분간 튀겨요.

6 볼에 설탕과 시나몬파우더B를 넣고 섞은 뒤 튀긴 도넛을 굴려 설탕을 묻혀요.

PART 2

MUFFIN&POUND CAKE

머핀&파운드케이크

달콤한 어린 시절 기억 속으로
마들렌

마들렌을 처음 알게 된 건 마르셀 프루스트가 쓴 소설 〈잃어버린 시간을 찾아서〉를 읽으면서였어요. 소설 초반에 주인공이 홍차에 마들렌을 찍어 먹으며 어린 시절의 기억을 떠올리는 장면이 나오거든요. 주인공에게 소중한 옛 기억을 떠올리게 해준 마들렌. 오늘은 마들렌을 구우며 아직 다 읽지 못한 〈잃어버린 시간을 찾아서〉의 책장을 넘겨봐야겠어요.

재료(12개 분량)

달걀 1과1/2개(약 90g)
버터 90g
꿀 15g
설탕 70g
박력분 90g
아몬드가루 15g
소금 1g
베이킹파우더 1/2ts
레몬 1개
팬에 바를 버터 적당량
여분의 밀가루 약간

포장 아이디어

마들렌은 뭐니 뭐니 해도 홍차
를 마실 때 제격이죠. 선물할
때 함께 마실 수 있는 홍차 티
백도 넣어주세요. 작은 비닐봉
투에는 홍차티백을, 다른 비닐
봉투에는 마들렌을 두세 개 넣
어 함께 묶어주세요.

1 레몬은 뜨거운 물로 깨끗하게 씻
어 껍질만 강판에 가는데 흰 부
분이 들어가지 않게 주의하세요.

2 냄비에 버터를 넣고 한번 끓인
뒤 약간 식혀요.

3 볼에 달걀을 넣고 잘 푼 뒤 설탕
과 꿀을 넣고 설탕이 충분히 녹
도록 거품기를 이용해 섞어요.

4 ①의 레몬 껍질을 넣고 거품기
로 잘 섞어요.

5 체 친 박력분과 아몬드가루, 베
이킹파우더, 소금을 넣고 주걱
으로 잘 섞어요.

6 ②의 녹인 버터를 조금씩 넣으
면서 주걱으로 빠르게 섞어요.

마들렌이나 머핀류는 만들어서
바로 먹는 것보다 하루 정도
지나면 더 맛있어요.

7 실온의 무염버터를 붓에 묻혀
오븐팬에 꼼꼼하게 바른 뒤 여분
의 밀가루를 묻혔다가 털어요.

8 마들렌틀에 반죽을 80% 정도까
지 넣어요. 180℃로 예열한 오
븐에서 12~15분간 구워요.

plain scone

홍차와 함께한 오후의 행복한 티타임
플레인 스콘

티타임에서 빠질 수 없는 아이템은 바로 스콘이에요. 스콘
이라는 이름에는 여러 가지 유래가 있는데, 그중 하나가
스코틀랜드에서 왕의 대관식에 사용하던 성스러운 돌의
이름에서 따왔다는 것이에요. 약간 퍼석퍼석하면서 담백
한 맛이 좋은 스콘 역시 홍차와 함께 먹을 때 가장 맛있답
니다. 잼과 크림을 곁들이는 센스도 잊지 마세요.

재료(지름 5cm 8~9개)

달걀 1/2개(약 30g)
우유 65g
설탕 30g
소금 1g
박력분 100g
강력분 80g
베이킹파우더 1ts
무염버터 55g

* 강력분이 없다면
박력분으로 대체해도
괜찮아요.

1 볼에 달걀과 설탕, 우유, 소금을 넣고 고루 섞어요.

차가운 버터는 0.5cm 이내로 잘라요

2 다른 볼에 체 친 박력분, 강력분, 베이킹파우더를 넣고 차가운 버터를 넣어 스크레이퍼로 잘게 잘라요.

3 소보로처럼 부슬부슬해진 반죽에 ①의 혼합물을 넣고 주걱으로 자르듯 반죽해요.

4 반죽이 한 덩어리로 섞이면 비닐백에 담아 냉장실에서 30분가량 숙성시켜요.

5 반죽을 꺼내 밀대로 3cm 두께가 되도록 민 다음 지름 5cm 정도의 모양 틀로 찍어요.

6 윗면에 색깔이 예쁘게 나오도록 반죽에 우유나 달걀물을 솔로 바른 다음, 180℃로 예열한 오븐에서 13~15분가량 구워 식힘망에 올려 식혀요.

스콘과 함께하는 멋진 티타임

영국식 티타임에 관한 로망을 갖게 된 건 제인 오스틴이 쓴 〈오만과 편견〉 〈엠마〉 등의 소설 때문이었어요. 유난히 차를 사랑했던 제인 오스틴은 그녀의 소설 곳곳에 18세기 차 문화를 언급했어요. 당시 영국인들에게 차는 단순한 기호식품이 아닌 생활이 일부였어요. 언젠가 유럽을 여행하다 어느 카페에서 애프터눈티가 서빙되었는데, 이렇게 근사한 3단 접시가 나와서 깜짝 놀랐답니다. 스콘을 만들어 오후의 티타임을 즐겨보세요.

green tea chocolate chip muffin

왕초보도 실패하지 않는
녹차 초코칩 머핀

처음 베이킹을 시작하는 사람이 가장 만들기 쉬운 메뉴
중 하나가 머핀이에요. 실패할 확률이 낮고 안에 넣는 내
용물도 취향에 따라 가감할 수 있어요. 쿠키나 케이크에
비해 먹으면 든든해서 간식으로 요긴하죠. 전 녹차를 좋아
해서 녹차와 초코칩을 넣고 만들었어요. 각자 취향에 따라
좋아하는 부재료를 넣어도 좋아요.

재료(7×5×4cm 머핀 약 9개)

박력분 120g
무염버터 80g
설탕 95g
꿀(또는 물엿) 2Ts
달걀 2개
녹차가루 6g
베이킹파우더 1/2ts
생크림 80ml
호두 50g
초코칩 30g

1 실온의 무염버터에 설탕을 넣고 서걱거리는 소리가 잦아들 때까지 거품기로 섞다가 꿀을 넣고 섞어요.

2 달걀은 따로 풀어서 ①에 대여섯 번에 나눠 넣으면서 반죽에 공기가 들어가도록 충분히 섞어요.

3 박력분과 베이킹파우더, 녹차가루를 체 쳐 넣고 주걱으로 살살 섞다가 생크림을 넣고 섞어요.

4 다진 호두와 초코칩을 넣고 주걱으로 고루 섞어 반죽을 완성해요.

5 모든 반죽이 매끄럽게 섞이면 머핀틀을 준비해요.

6 완성된 반죽을 머핀용 유산지를 깐 머핀틀에 70% 정도 넣어요. 180℃로 예열한 오븐에서 20~25분 정도 구워요.

머핀에 곁들이면 맛있는 녹차

녹차가루를 넣어 만든 머핀은 홍차보다 녹차가 더 어울리겠죠? 제가 맛본 녹차 중에서 TWG의 실버문, T2의 게이샤 겟어웨이, 루피시아의 사쿠란보 버트가 가장 맛있었어요. 모두 녹차 베이스에 과일이나 바닐라 향을 더한 제품이에요. 인터넷 쇼핑몰이나 '딘앤델루카' 등의 매장에서 구입 가능해요.

banana Gugelhopf

달콤한 향이 솔솔
바나나 구겔호프

바나나는 싱싱한 것보다 거뭇거뭇한 반점이 있는 게 더 당도가 높아요. 이 점을 '슈거 스폿Sugar Spot'이라 하는데 바나나의 당도가 절정에 이르죠. 일본의 한 연구에 따르면, 슈거 스폿이 많은 바나나는 설익은 푸른 바나나에 비해 최대 8배까지 면역력을 증가시키는 효과도 있다고 해요. 당도가 높아진 바나나로 달콤하고 향이 좋은 구겔호프를 구워보세요.

재료

(지름 15cm 구겔호프틀 1개)

중력분 120g
버터 90g
황설탕 85g
꿀 2Ts
달걀 2개
달걀노른자 1개분
베이킹파우더 1ts
바나나 100g(중간 것 1개)
호두 50g
버터(틀에 바를 것) 약간
여분의 밀가루 약간

머핀틀에 구워도 좋아요

구겔호프틀이 없다면 머핀
틀에 구워보세요. 반죽을 만
드는 과정은 똑같고 머핀틀
에 넣기만 하면 된답니다.
바나나 한 조각을 슬라이스
해서 얹으면 더 예쁘겠죠?

1 바나나는 껍질을 벗겨서 포크로 으
깨요.

2 실온의 말랑해진 버터에 황설탕과
꿀을 넣고 거품기로 잘 섞어요.

3 다른 볼에 달걀 2개와 달걀노른자 1
개분을 푼 다음 ②의 반죽에 조금씩
나눠 넣어가며 섞어요.

4 ③에 체 친 밀가루와 베이킹파우더
를 넣고 잘 섞어요.

반죽은 틀의 70 ~ 80%
정도까지만 담아요.

5 가루가 거의 섞일 즈음 다진 호두와
①의 바나나를 넣고 고루 섞어요.

6 구겔호프틀에 버터를 꼼꼼하게 바
른 뒤 여분의 밀가루를 묻혀 털어내
고 반죽을 담아요.

따뜻할 때보다
식은 다음 먹으면
맛있어요.

7 180℃로 예열한 오븐에서 25분가량
구운 다음 식힘망에 올려 식혀요.

blueberry cheese muffin

새콤달콤 촉촉한 맛
블루베리 치즈 머핀

핀란드에서는 블루베리가 최고의 건강 과일로 불려요. 블루베리를 넣은 과자나 빵도 흔하게 볼 수 있고, 가정에서도 블루베리를 이용한 요리를 자주 한다고 해요. 시력강화, 노화방지, 항산화 요소 등 다양한 효능으로 '슈퍼푸드'라 불리는 블루베리. 여기에 맛있는 크림치즈와 고소한 소보로를 듬뿍 얹어 맛있는 머핀을 구워보세요.

재료(7×5×4cm 머핀 약 8개)

박력분 150g
무염버터 70g
설탕 125g
소금 1g
달걀 2개
우유 30ml
베이킹파우더 1ts
블루베리(생 블루베리 또는
냉동 블루베리) 80g
크림치즈 70g

소보로

박력분 30g
아몬드가루 30g
황설탕 30g
무염버터 30g

소보로 만드는 법은
131쪽을 참고하세요.

1 먼저 소보로를 만들어 냉장실에 넣어둬요.

2 실온의 부드러운 무염버터를 거품기로 푼 뒤 설탕과 소금을 넣고 서걱거리는 소리가 잦아들 때까지 저어요.

3 여기에 달걀을 네다섯 번에 나눠 조금씩 넣어가며 섞어요.

4 달걀을 고루 푼 뒤 우유를 넣고 섞어요.

5 체 친 박력분과 베이킹파우더, 블루베리를 넣고 섞어요.

6 머핀틀에 머핀용 유산지를 깔고 ⑤의 반죽을 반쯤 채우고 크림치즈를 작게 썰어 군데군데 올려요.

7 그 위에 ⑤의 남은 반죽을 넣고 ①의 소보로를 뿌린 다음 180℃로 예열한 오븐에서 20~25분가량 구워요.

orange muffin

향긋하고 촉촉한
오렌지 머핀

상쾌한 오렌지 향을 싫어하는 사람도 있을까 싶지만 조안
해리스의 〈오렌지 다섯 조각〉에 나오는 어머니가 바로 그
런 사람이죠. 엄격하고 까다로운 그녀는 오렌지 향만 맡으
면 두통에 시달리거든요. 하지만 대부분 상큼한 오렌지 향
을 좋아하죠. 특히 오렌지 머핀을 구울 때 나는 향은 정말
기분 좋게 만들어준답니다.

재료

(7×5×4cm 머핀틀 약 8개)

중력분 150g
무염버터 95g
설탕 85g
달걀 1개
달걀노른자 1개분
베이킹파우더 1ts
플레인 요거트 100g
오렌지 과육(속껍질을 벗긴
알갱이) 100g
오렌지 껍질 간 것 1개분

흰 껍질이
들어가면 쏜맛이 나니
주의하세요.

1 오렌지를 깨끗이 박박 문질러 씻은
다음 강판에 껍질 부분만 갈아요.

버터에 설탕를 넣고
섞을 때는 서걱거리는 소리가
잦아질 때까지 저어요.

2 다른 볼에 실온의 버터를 넣어 거품
기로 부드럽게 푼 다음, 설탕을 넣고
저어요. 여기에 달걀 푼 것을 서너
번에 나눠 넣으면서 다시 섞어요.

3 ②에 체 친 중력분과 베이킹파우더
를 넣고 섞다가 오렌지 과육과 껍질
을 넣어요.

4 플레인 요거트를 넣고 매끄러운 반
죽이 되도록 섞어요.

5 머핀틀에 머핀용 유산지를 넣고 반
죽을 70% 정도까지 담아요.

6 180℃로 예열한 오븐에서 25분간
구워서 식힘망에 올려 식혀요.

포장 아이디어

평범한 머핀 컵이라도 가운데 리본을 묶어보세요. 나만의 감각이 돋보이는 머핀 컵이
된답니다. 선물할 때는 비닐봉투에 머핀을 담고, 스탬프를 이용해서 메시지를 적은 종
이를 붙여주는 것도 좋은 아이디어예요.

fig pound cake

톡톡 씹히는 맛이 그만
무화과 파운드케이크

무화과를 볼 때마다 영화 〈프린스 앤 프린세스〉가 떠올라요. 그림자 만화의 진수를 보여주는 독특한 영화로, 가난한 소년이 추운 겨울날 우연히 발견한 무화과를 여왕에게 바치면서 이야기가 시작돼요. 여왕이 소년에게 받은 무화과를 어찌나 맛있게 먹던지! 영화를 보는 내내 침을 꼴깍 삼켰지요. 아쉽게도 생무화과는 제철이 아니면 구하기 어려우니 말린 무화과로 파운드케이크를 만들어보세요.

재료(15×9cm 파운드틀 1개)

박력분 150g
버터 120g
플레인 요거트 50g
꿀(또는 물엿) 2Ts
설탕 85g
달걀 2개
베이킹파우더 1ts
럼 2Ts
말린 무화과 80g

버터에 설탕과 꿀을 넣고 섞을 때는 서걱거리는 소리가 잦아들 때까지 저어요.

1 말린 무화과는 반으로 잘라 럼에 넣고 1시간쯤 불리세요.

2 실온의 부드러운 버터에 설탕과 꿀을 넣고 섞다가 달걀 푼 것을 조금씩 흘려 넣으며 섞어요.

3 여기에 체 친 박력분과 베이킹파우더를 넣고 주걱으로 섞어요.

4 ①의 무화과를 럼에서 건져 물기를 뺀 뒤 반죽에 넣어요.

5 플레인 요거트를 넣고 뒤집듯 섞어가며 반죽을 매끄럽게 만들어요.

6 파운드틀에 유산지를 깔고 반죽을 70% 정도 채우고 180℃로 예열한 오븐에서 30~35분가량 구운 뒤 식힘망에 올려 식혀요. 하루 정도 지나서 먹으면 더 맛있어요.

포장 아이디어

파운드케이크를 반드시 통째 포장하라는 법은 없어요. 이렇게 잘라 먹기 좋게 하나씩 포장해보세요. 불투명 비닐봉투에 자른 파운드케이크를 넣고, 끝 부분은 핸드실러나 다리미로 살짝 눌러서 밀봉하세요. 먹기 편하고 색다른 포장이 된답니다. 불투명 비닐봉투나 핸드실러는 제과제빵 쇼핑몰에서 구입할 수 있어요.

생크림이 듬뿍, 입안에서 살살
단호박 파운드케이크

원래 파운드케이크는 밀가루, 설탕, 버터가 모두 1파운드 씩 들어간다고 해서 붙여진 이름이에요. 그만큼 진하고 부드러운 맛이 특징이죠. 하지만 최근에는 파운드케이크에 모두 같은 양을 넣기보다 조금씩 변형해서 맛을 내요. 색이 고운 단호박에 버터 대신 생크림 양을 늘려서 만든 색다른 맛의 단호박 파운드케이크! 하루 두었다 먹으면 부드러운 맛이 한결 살아납니다.

재료(11×7cm 소형 5개)

박력분 150g
무염버터 120g
설탕 75g
달걀 2개
생크림 50ml
베이킹파우더 1ts
소금 1g
단호박 퓌레(단호박을 쪄
서 간 것) 100g
팥배기(또는 호두) 50g

PARANDAL TIP

요즘은 모양이 예쁜 일회용
파운드틀이 참 많아요. 저는
파운드틀을 따로 사용하지
않고, 일회용 파운드틀에 구
워 바로 포장해요. 만들기도
편하고 일회용 포크와 나이
프까지 곁들이면 근사한 선
물이 된답니다.

단호박은 미리 깨끗이 씻고 껍질을 벗겨 적당한 크기로 잘라 준비해요.

1 단호박을 전자레인지에 7분 정도 익힌 다음, 식으면 믹서에 갈아 단호박 퓌레를 만들어요.

버터에 설탕을 넣고 섞을 때는 서걱거리는 소리가 잦아질 때까지 저어요.

2 볼에 실온의 무염버터를 담고 거품기로 덩어리 없이 푼 다음 설탕을 넣고 충분히 저어요.

3 다른 볼에 달걀 2개를 깨서 멍울 없이 푼 다음 ②에 대여섯 번에 나눠 넣어가며 거품기로 섞어요.

4 ①의 단호박 퓌레를 넣고 거품기로 잘 섞어요.

5 체 친 박력분과 베이킹파우더, 소금을 넣고 주걱을 잘 섞어요.

반죽을 주걱으로 떴을 때 뚝뚝 떨어지는 질기가 되도록 생크림 양을 조절해요.

6 생크림을 넣고 매끄럽게 섞어요. 이때 단호박 퓌레의 상태에 따라 생크림의 양을 조절하세요.

7 반죽을 파운드틀의 80% 정도까지 담은 다음 170~180℃로 예열한 오븐에서 25~30분간 구워요. 다 구워지면 식힘망에 올려 식혀요.

cream cheese pound cake

치즈의 풍미를 제대로

크림치즈 파운드케이크

크림치즈와 파르메산 치즈의 풍미를 제대로 느낄 수 있는
케이크예요. 파운드 반죽은 파운드틀이 아니라도 머핀틀
이나 반달주름틀에 구워도 좋아요. 반달주름틀이 마음에
들어 자주 굽곤 하는데, 같은 파운드케이크라도 모양이 예
뻐서 다들 좋아해요.

재료

(30×10cm 반달주름틀 1개)

박력분 150g
아몬드가루 30g
설탕 120g
달걀 2개
베이킹파우더 1ts
버터 95g
크림치즈 80g
생크림 50ml
파르메산 치즈가루 2Ts

버터에 설탕을 넣고 섞을 때는 서걱거리는 소리가 잦아질 때까지 저어요

1 볼에 실온의 버터와 크림치즈를 넣고 거품기로 섞은 다음, 설탕을 넣고 거품기로 잘 섞어요.

2 다른 볼에 달걀을 멍울 없이 푼 다음 ①에 대여섯 번에 나눠 넣어가며 거품기로 잘 섞어요.

반죽을 섞을 때는 꼭 주걱으로 자르듯 섞어야 해요

3 체 친 박력분과 아몬드가루, 베이킹파우더를 넣고 섞다가 파르메산 치즈가루를 넣고 섞어요.

4 생크림을 넣고 주걱으로 매끄럽게 섞어요.

5 반달주름틀에 녹인 버터를 솔로 얇게 바른 다음 ④의 반죽을 80% 정도까지 담고 180℃로 예열한 오븐에서 25분가량 구워요.

PARANDAL TIP

각 가정마다 오븐의 상태가 다르기 때문에 굽는 시간에 의존하지 말고 수시로 체크하세요. 너무 탄다 싶으면 쿠킹포일로 덮어주세요. 다 익었는지를 확인할 때는 꼬치로 찔러보면 알 수 있어요. 꼬치에 묻어나오는 것이 없으면 다 익은 거랍니다.

가을 그 쓸쓸함을 달래줄
메이플 홍차 머핀

예전엔 가을이 그렇게 좋지 않았는데, 점점 가을이 좋아져요. 덥지도 춥지도 않은 딱 좋은 온도에, 쓸쓸한 분위기도 운치 있게 느껴져요. 가을 분위기를 살리기 위해 낙엽 모양의 틀에 홍차 머핀을 구워봤어요. 달지 않은 편이라 은은한 홍차 향을 즐기기에 좋아요. 이런 모양 틀이 아니라 머핀 컵을 활용해도 좋아요.

재료(약 7개)

박력분 110g
베이킹파우더 1ts
버터 70g
설탕 80g
메이플 시럽(또는 꿀이나
물엿) 2Ts
생크림(또는 우유) 50ml
홍차 티백 2개
달걀 2개

PARANDAL TIP

다양한 모양 틀로 색다른 변신

베이킹을 하다 보면 늘 똑같은 머핀에 싫증날 때가 있어요. 그럴 때는 다양한 모양틀로 색다른 머핀을 구워보세요. 저는 특이한 디자인의 노르딕틀이 두 개 있는데, 여러모로 활용할 수 있어 좋아요. 수입 제과제빵 재료를 파는 곳에서 구입할 수 있어요.

1 냄비에 생크림을 넣고 살짝 데운 다음 홍차 티백 1개를 넣고 잘 우려요.

2 실온의 부드러운 버터에 설탕을 넣고 서걱거리는 소리가 잦아들 때까지 거품기로 잘 섞어요.

3 설탕이 녹으면 메이플 시럽을 넣고 거품기로 매끄럽게 섞어요.

4 ③에 달걀 푼 것을 네다섯 번에 나눠 넣고 거품기로 충분히 섞어요.

5 ④에 체 친 박력분과 베이킹파우더를 넣고 주걱으로 고루 섞어요.

6 약간 뭉쳐질 듯하면 ①의 생크림을 넣고 섞어요.

7 남은 티백 1개의 홍차가루를 넣고 섞어요.

8 모양 틀에 반죽을 80% 정도까지 담고 180℃로 예열한 오븐에서 20분간 구워 식힘망에 올려 식혀요.

cream apricot muffin

버터 대신 생크림으로
생크림 살구 머핀

빵을 만들다 보면 엄청난 버터 양에 놀라기도 해요. 그래서 버터를 대체할 만한 게 없을까 고민하다 생크림이 좀 많이 남아서 버터 대신 생크림을 넣어봤어요. 굽자마자 먹을 때는 가벼운 스펀지케이크 같은 맛이었는데, 하루 지나니까 훨씬 맛있더라고요. 간간이 씹히는 살구 맛도 좋고요. 미니 머핀틀에 구우면 하나씩 먹는 재미가 쏠쏠해요.

재료(미니 머핀 12개 or
지름 5cm 머핀 6개)

박력분 180g
베이킹파우더 1ts
소금 1g
생크림 120ml
달걀 2개
설탕 90g
말린 살구 80g

빵순이들의 예리한 질문

Q 말린 살구가 없으면 어떡
하죠?

A 꼭 말린 살구가 아니라도
말린 과일이면 상관없어요.
건포도나 말린 파파야, 파인
애플 등 말린 과일이면 아무
거나 넣어도 됩니다. 대형마
트에 가면 말린 과일 코너가
있으니 한번 둘러보세요.

1 말린 살구는 키친타월로 닦아서 잘
게 다져요.

2 볼에 달걀을 멍울 없이 풀고 설탕을
넣은 뒤 서걱거리는 소리가 잦아질
때까지 거품기로 섞어요.

3 ②에 생크림과 소금을 넣고 고루 섞
어요.

4 체 친 박력분과 베이킹파우더를 넣
고 주걱으로 섞다가 ①의 다진 살구
를 넣고 주걱으로 섞어요.

5 머핀틀에 머핀용 유산지를 깔고 반
죽을 80% 정도까지 담아요. 180℃
로 예열한 오븐에서 미니 머핀은 13
~15분, 일반 머핀은 25분간 구워
식힘망에 올려 식혀요.

PARANDAL TIP

과일 머핀과 잘 어울리는 홍차

홍차를 좋아해서 쿠키나 머핀을 먹을 때는 언제나 티를 곁들여요.
제가 좋아하는 홍차 브랜드 중 하나는 카렐 차펙이에요. 사실 이 브
랜드는 홍차 맛보다 일러스트에 반했어요. 잉글리시 가든은 장미 향
이 나는 홍차인데, 과일 머핀과 은은하게 잘 어울려요.

chocolate scone

잼을 바르지 않아도 좋은
초콜릿 스콘

스콘은 다양하게 변형이 가능한 메뉴예요. 클로티드 크림
을 곁들여 먹는 스콘도 좋아하지만 울퉁불퉁 초콜릿 스
콘도 자주 만드는 메뉴예요. 청크 초코칩으로 더 먹음직
스러운 스콘을 만들어보세요.

재료(약 8개)

중력분 230g
코코아파우더 20g
베이킹파우더 6g
설탕 30g
무염버터 80g
달걀노른자 1개분
우유 110g
소금 2g
청크 초코칩 80g

1 볼에 체 친 중력분과 코코아파우더, 베이킹파우더, 설탕을 넣어 섞어요.

2 여기에 차가운 무염버터를 넣고 손끝으로 비비듯이 섞어요.

3 달걀노른자와 우유, 소금을 넣고 섞은 뒤 ②에 넣고 주걱으로 자르듯이 섞다가 청크 초코칩을 넣고 섞어요.

4 반죽이 한 덩어리가 되면 평평하게 눌러 비닐백에 넣어 냉장고에 30분 이상 넣어둬요.

5 반죽을 꺼내 밀대로 2~3cm 두께로 밀고 원하는 크기로 잘라 오븐팬에 올려요.

6 170℃로 예열한 오븐에서 25분가량 구워요.

corn soymilk muffin

옥수수와 두유의 색다른 조합
옥수수 두유 머핀

고소한 두유에 씹을 때 톡톡 터지는 식감이 좋은 옥수수
와 구수한 맛의 옥수수가루를 더했어요. 색다른 즐거움을
선사하는 머핀이에요.

무염버터 135g
황설탕 145g
달걀 2개
박력분 135g
옥수수가루 65g
베이킹파우더 1ts
소금 1g
두유(무가당) 80ml
스위트콘(물기를 뺀 무게)
80g
스위트콘(토핑용) 약간

찐 옥수수가 있으면 스위트콘 대신 넣어보세요. 당도는 덜하지만 한결 구수해요.

1 스위트콘은 체에 걸러 물기를 제거해요.

2 볼에 실온의 부드러운 무염버터를 멍울 없이 풀고 황설탕을 넣은 뒤 휘핑해요.

3 여기에 잘 풀어놓은 달걀을 서너 번에 나눠 넣어가며 휘핑해요.

4 체 친 박력분과 옥수수가루, 베이킹파우더, 소금을 넣고 주걱으로 자르듯이 섞어요.

5 두유를 넣고 잘 섞다가 ①의 물기를 뺀 스위트콘을 넣고 잘 섞어요.

6 머핀용 유산지를 깐 머핀틀에 반죽을 70% 정도까지 담고 스위트콘으로 토핑해요. 180℃의 오븐에서 20~25분가량 구워요.

morning glory muffin

집에서 즐기는 열대의 아침
모닝글로리 머핀

하루를 시작하는 아침, 그런데 아침에 먹는 머핀에 탄수화
물만 가득하다면 왠지 아쉽지 않을까요? 바나나를 비롯한
파인애플, 코코넛 등의 부재료를 듬뿍 넣어 열대의 아침을
연상시키는 머핀을 만들어봤어요. 우유 한 잔을 곁들여,
맛있는 아침을 시작해보세요.

재료(9~10개)

무염버터 85g
황설탕 75g
달걀 100g
박력분 140g
베이킹파우더 1ts
소금 1g
코코넛가루 25g
우유 40g
파인애플 과즙(통조림) 60g
파인애플 과육(통조림) 60g
바나나 80g
코코넛가루(장식용) 약간

1 파인애플 통조림의 과육을 건져내고, 과즙은 따로 준비해요.

2 실온의 부드러운 무염버터를 덩어리 없이 푼 다음 황설탕을 넣고 휘핑해요.

3 달걀을 서너 번에 나눠 넣어가며 휘핑하다 박력분과 베이킹파우더, 소금, 코코넛가루를 넣고 섞어요.

4 우유와 파인애플 과즙을 넣고 섞다가 다진 파인애플과 으깬 바나나를 넣고 섞어요.

5 머핀틀에 머핀용 유산지를 깔고 70~80% 정도까지 반죽을 담아요. 이때 아이스크림 스쿱을 이용하면 편해요.

6 윗면에 코코넛가루를 뿌리고 180℃의 오븐에서 20~25분가량 구워요.

sour cream mocha muffin

자상하고 젠틀한 신사를 닮은
사워크림 모카 머핀

진한 에스프레소와 리치한 사워크림를 넣어 촉촉하면서
도 커피의 풍미가 진하게 느껴지는 머핀을 만들었어요. 소
보로를 듬뿍 얹어서 구우면 윗면은 바삭하고 속은 부드러
운 머핀의 맛을 더 잘 느낄 수 있답니다.

재료(9~10개)

<u>소보로</u>
박력분A 30g
아몬드가루 30g
황설탕 30g
무염버터A 30g

<u>모카 머핀</u>
박력분B 185g
베이킹파우더 1ts
소금 1/4ts
달걀 2개
무염버터B 80g
설탕 135g
사워크림 150g
에스프레소 30ml

1 박력분A와 아몬드가루를 체 치고 황설탕과 무염버터A를 넣어요.

2 손끝을 이용해 부슬부슬한 상태로 만들어요.

3 에스프레소를 준비해요(에스프레소 대신 물 1Ts, 인스턴트커피 1Ts를 섞어서 넣어도 좋아요).

4 실온의 부드러운 무염버터B를 덩어리 없이 풀고 설탕을 넣어가며 휘핑해요.

5 설탕이 잘 섞이면 달걀 2개를 풀어 천천히 넣어가며 휘핑하고, 여기에 사워크림을 넣고 섞어요.

6 체 친 박력분B와 베이킹파우더, 소금을 넣고 주걱으로 고루 섞어요.

7 반죽이 어느 정도 섞였을 때 에스프레소를 넣고 잘 섞어요.

8 반죽을 머핀틀의 70~80% 정도까지 담고 소보로를 얹고 170℃의 오븐에서 25분가량 구워요.

달콤함이 입안 가득!
캐러멜 머핀

캐러멜을 넣어 더없이 달콤한 머핀이에요. 캐러멜을 만드는 방법 중에 집에서 따라하기 쉬운 방법을 소개했으니 아마 실패 없이 만들 수 있을 거예요. 캐러멜은 만들어 두면 여기저기 사용할 곳도 많답니다. 캐러멜 머핀을 만들고 남은 캐러멜로는 카라멜 마끼아또 한 잔 어떠세요?

재료(5~6개)

캐러멜 필링
물엿 25g
황설탕 65g
소금 1g
생크림 70g
무염버터A 10g

캐러멜 머핀
무염버터B 95g
설탕 90g
달걀 2개
박력분 110g
베이킹파우더 1ts

캐러멜 필링

1 냄비에 물엿과 황설탕, 소금을 넣고 약한 불에서 끓여요.

2 다른 냄비에 생크림을 넣고 뜨겁게 데워요.

3 ①이 끓으면서 갈색이 돌기 시작하면 ②의 뜨거운 생크림을 서너 번에 나눠 넣고 섞어요.

4 생크림을 모두 넣고 불을 끈 다음 실온의 부드러운 무염버터를 넣고 섞어요.

남은 양은 윗면을 장식하는 용도로 사용하세요.

5 ④의 분량 중 50g을 덜어 따로 준비해요.

캐러멜 머핀

6 실온의 부드러운 무염버터B에 설탕을 넣고 거품기로 잘 섞어요.

7 여기에 달걀을 풀어 나눠 넣어가며 거품기로 잘 섞어요.

캐러멜이 뜨거우면 버터가 녹으므로 완전히 식은 다음 넣으세요.

8 ⑤의 캐러멜 필링을 넣고 잘 섞어요.

9 체 친 박력분과 베이킹파우더를 넣고 매끄러운 반죽이 되도록 주걱으로 섞어요.

10 머핀틀에 머핀용 유산지를 깔고 반죽을 70% 정도까지 채우고 170℃ 오븐에서 25분간 구운 다음, 완전히 식혀 남은 캐러멜로 머핀을 장식해요.

자연이 준 달콤함으로 구운
고구마 머핀

여행을 가면 가끔 그 나라의 스타벅스에도 들려보곤 하는
데요, 지난 도쿄 여행에서 만났던 스타벅스에서 고구마 머
핀을 맛볼 수 있었어요. 일본은 제철재료나 지역의 식재료
를 활용한 메뉴들을 자주 선보이는데요, 그 때의 맛을 떠
올리며 만들어본 고구마 머핀. 식이섬유가 풍부해서 건강
에도 좋답니다.

재료(6~7개)

무염버터 50g
황설탕 80g
달걀 1개
달걀노른자 1개분
박력분 110g
베이킹파우더 2/3ts
생크림 60g
소금 1g
고구마 2개
호두(장식용) 약간

1 고구마는 폭신하게 쪄서 하나는 사방 1cm 정도로 깍둑썰기해요.

2 다른 하나는 껍질을 벗겨 체에 내린 뒤 70g을 준비해요.

3 볼에 실온의 부드러운 무염버터를 풀고 황설탕을 넣은 뒤 잘 섞어요.

4 ③에 달걀 1개와 달걀노른자 1개분을 잘 풀어 조금씩 넣어가며 거품기로 잘 섞어요.

5 체 친 박력분과 베이킹파우더를 넣고 주걱으로 잘 섞어요.

6 여기에 소금을 넣은 생크림을 넣고 고루 섞어요.

반죽은 70~80% 정도만 채우세요.

7 반죽에 ②의 으깬 고구마를 넣고 잘 섞어요.

8 머핀팬에 머핀용 유산지를 깔고 반죽을 담은 뒤 ①의 깍둑썰기한 고구마와 장식용 호두를 올려 170℃ 오븐에서 25분가량 구워요.

herb garlic scone

마늘빵과는 또 다른 맛
허브 갈릭 스콘

흔하게 먹는 마늘빵 대신 새롭게 갈릭을 즐기는 방법을
소개할게요. 알싸한 마늘 향과 향긋한 허브가 조화롭게
어우러진 허브 갈릭 스콘이랍니다.

재료(약 9개)

중력분 250g
베이킹파우더 6g
설탕 35g
소금 1/2ts
무염버터 75g
달걀 노른자 1개분
우유 110g
다진 마늘 2큰술
말린 허브 1/2Ts
무염버터B 약간(마늘
볶을 용도)
우유 약간(윗면에
바를 용도)

1 팬에 무염버터B를 넣어 녹인 뒤, 다진 마늘을 넣고 볶아요.

2 볼에 중력분, 베이킹파우더, 설탕, 소금은 함께 체 쳐서 준비해요.

3 여기에 차가운 무염버터A를 넣고 스크래퍼나 손끝을 이용해 콩알만 한 크기로 잘라요.

4 달걀 노른자, 우유를 모두 섞은 다음, ②에 붓고 자르듯 섞어요.

5 어느 정도 섞이면 ①의 볶은 마늘과 말린 허브 넣고 한 덩어리 만들어서 냉장고에 30분 가량 넣어둬요.

6 도톰하게 밀어 사각으로 모양을 내서 자른 다음, 윗면에 우유를 바르고 170~180℃에서 20~25분가량 구워요.

chocolate madeleine

진주 대신 초콜릿을 품은
초콜릿 마들렌

먹어도 먹어도 질리지 않는 조개 모양의 마들렌은 매력
적인 과자예요. 끝부분을 살짝 초콜릿으로 코팅하면 모양
도 맛도 훨씬 좋아요.

재료(약 12개)

박력분 60g
코코아파우더 8g
베이킹파우더 2g
달걀 1개
설탕 50g
우유 20g
무염버터 65g
초코칩 30g
초콜릿(코팅용) 50g

1 볼에 달걀을 풀어 넣고 설탕과 우유
를 넣고 거품기로 잘 섞어요.

2 체 친 박력분과 코코아파우더, 베이
킹파우더를 넣고 고루 섞어요.

버터는 미리 중탕하거나
전자레인지에 녹여
액체 상태로 만드세요.

3 여기에 녹인 무염버터를 두 번에 나
눠 넣어가며 섞어요.

4 초코칩을 넣고 주걱으로 다시 섞어요.

5 반죽을 마들렌틀에 80% 정도까지
담고 180℃의 오븐에서 9~10분가
량 구워요.

6 코팅용 초콜릿을 전자레인지나 중
탕으로 녹여요.

7 구운 마들렌이 완전히 식으면 초콜
릿에 찍어 굳혀요.

상큼한 비타민이 가득한
오렌지 파운드케이크

한입 깨물면 입안을 가득 채우는 상큼함! 꼭 오렌지가 아니라도 좋아요. 귤이나 한라봉 등 감귤류의 과일을 넣어 맛있는 파운드케이크를 구워보세요. 통통하게 구워진 파운드케이크 한 조각에 커피 한 잔을 곁들이면 나른했던 오후의 피로가 사라질 거예요.

재료(18×10cm 파운드케이크틀 1개)

무염버터 95g
설탕 85g
달걀 90g
박력분 115g
베이킹파우더 1ts
소금 1g
우유 30g
오렌지 껍질 간 것 1개분
오렌지즙(과육을 짠 것)
30g

PARANDAL TIP

시중에 판매하는 오렌지는 거의 대부분이 수입산이에요. 수입품은 코팅 처리를 하기 때문에 껍질을 꼼꼼하게 잘 썻어야해요.

1 오렌지는 뜨거운 물에 데치고 소금을 이용해 박박 썻어요.

2 오렌지 껍질은 전용 그레이터나 강판으로 갈아요.

3 오렌지 과육은 즙을 짜서 30g을 준비해요.

4 볼에 실온의 부드러운 무염버터를 풀고 설탕을 넣고 잘 섞어요.

5 달걀을 풀어 서너 번에 나눠 넣고 잘 섞어요. 여기에 오렌지 껍질 간 것을 넣고 잘 섞어요.

6 ⑤에 체 친 박력분과 베이킹파우더, 소금을 넣고 주걱으로 잘 섞어요.

7 우유와 ③의 오렌시즙을 넣고 고루 섞어요.

8 반죽을 파운드케이크틀의 80% 정도까지 넣고 170℃의 오븐에서 30~35분가량 구워요.

apple tea cake

구겔호프틀에 구워 더욱 근사한
사과 티 케이크

티 케이크는 티tea와 어울린다고 해서 붙여
진 이름이에요. 손님을 초대해서 내놓았을
때 그럴듯한 사과 티 케이크, 구겔호프틀을
이용하면 좀 더 손쉽게 근사한 케이크를 만
들 수 있어요.

재료

(지름 18cm 구겔호프틀 1개)

사과조림
무염버터A 10g
사과 120g
설탕A 30g
레몬즙 1ts
크랜베리 40g

파운드케이크
무염버터B 90g
설탕B 80g
달걀 100g
박력분 110g
베이킹파우더 3g

글레이즈
슈거파우더 80g
물 1Ts

장식
사과 조각 약간
크랜베리 약간
오렌지필 약간
피스타치오 약간

PARANDAL TIP

사과 티 케이크는 파운드케이크틀에 구우면 정말 간편해요.

사과조림

1 팬에 무염버터A와 얇게 썬 사과, 설탕A을 넣고 약한 불에서 끓이다 졸아들면 레몬즙과 크랜베리를 넣어요.

파운드케이크

2 볼에 실온의 부드러운 무염버터B를 넣고 멍울 없이 풀다가 설탕B를 넣고 섞어요.

3 달걀을 잘 풀어 서너 번에 나눠 넣어가며 섞고, 체 친 박력분과 베이킹파우더를 넣고 고루 섞어요.

4 여기에 ①의 사과조림을 넣고 섞어요.

파운드케이크틀에는
미리 밀가루를 발라
놓았다가 사용하세요.

5 반죽을 80% 정도 채우고 170℃의 오븐에서 25~30분가량 구워요.

글레이즈

6 글레이즈는 체 친 슈거파우더에 물을 섞어 준비해요.

장식

글레이즈가 굳기 전에
장식하세요.

7 구운 케이크에 스푼으로 글레이즈를 바르고 사과 조각과 크랜베리, 오렌지필, 피스타치오를 올려 장식해요.

chocolate marble pound cake

오븐이 그린 멋진 그림
초콜릿 마블 파운드케이크

이번에 어떤 근사한 작품이 나올지 궁금증을 자아내는
케이크랍니다. 어떤 모양으로 구워졌을지 두근거리는 마
음으로 잘라보세요

재료(18×10cm
파운드케이크틀 1개)

반죽
무염버터 85g
설탕 85g
소금 1g
달걀 2개
생크림 30g
박력분A 45g
베이킹파우더A 2g

초콜릿 반죽
박력분B 35g
베이킹파우더B 2g
코코아파우더 7g

1 볼에 실온의 무염버터를 넣고 거품
기로 풀고 설탕과 소금을 넣고 잘
섞어요.

2 여기에 풀어놓은 달걀을 대여섯 번
에 나눠 넣어가며 거품기로 섞다가
생크림을 넣고 섞어요.

3 ②의 반죽을 반 덜어 한쪽에는 박
력분A와 베이킹파우더A를 넣고 섞
어요.

4 남은 ③의 반죽에 박력분B와 베이
킹파우더B, 코코아파우더를 넣고 섞
어요.

5 파운드케이크틀에 ③의 반죽 중 반
을 담고 ④의 반죽을 모두 담아요.

6 남은 ③의 반죽을 모두 담은 뒤 젓
가락으로 서너 번 저은 뒤 170℃의
오븐에서 30~35분가량 구워요.

green tea cream cheese muffin

녹차가 숨긴 부드러운 비밀
녹차 크림치즈 머핀

———————————— ✦◦✦◦✦ ————————————

쌉싸래한 녹차 시트에 생각지도 못했던 부드러운 크림치
즈가 쏙~ 아마 말해주지 않으면 모를 즐거운 비밀이 될
거예요.

재료(약 6개)

크림치즈 100g
슈거파우더10g

무염버터 85g
설탕 100g
달걀 60g
박력분 145g
녹차가루 5g
베이킹파우더 1ts
소금 1g
우유 80g
아몬드 슬라이스(토핑용)
약간

1 볼에 크림치즈를 넣고 덩어리 없이 풀고 슈거파우더를 넣어 섞어요.

2 ①의 크림치즈를 6등분해 둥글게 모양을 잡아요.

3 볼에 실온의 무염버터를 넣고 덩어리 없이 푼 뒤 설탕을 넣고 섞어요.

4 달걀을 풀고 ③에 조금씩 나눠 넣어가며 섞어요.

5 여기에 체 친 박력분과 녹차가루, 베이킹파우더, 소금을 넣고 섞어요.

6 ⑤에 우유를 넣고 매끄럽게 조금 더 섞어요.

7 머핀틀에 머핀용 유산지를 깔고 ⑥의 반죽을 반 정도 채워요. 여기에 ②의 크림치즈를 하나씩 넣어요.

8 남은 반죽을 올리고 아몬드 슬라이스를 뿌려 170~180℃의 오븐에서 20~25분가량 구워요.

147

오후의 티타임에 어울리는
메이플 스콘

───────◆◇◆───────

메이플 시럽은 단풍나무에서 추출한 시럽으로 주로 팬케
이크에 곁들여 먹는 것으로 알려져 있어요. 하지만 다양한
요리와 디저트에도 활용하기 좋답니다. 설탕보다 칼로리
도 낮고 은은한 향이 매력적인 메이플 시럽과 설탕을 넣
은, 오후의 티타임을 위한 스콘을 준비해보세요.

재료(7~8개)

중력분 300g
베이킹파우더 7g
소금 5g
메이플 설탕 30g
메이플 시럽 1Ts
무염버터 80g
달걀 1개
우유 90g
달걀물(바르는 용도) 약간

PARANDAL TIP

메이플 설탕과 메이플 시럽
은 단풍나무 수액을 끓여 만
든 천연 감미료예요. 백화점
식품코너나 대형마트 등에
서 구입할 수 있어요.

1 달걀을 멍울 없이 풀고 우유와 메이
플 시럽을 넣고 잘 섞어요.

2 볼에 체 친 중력분과 베이킹파우더
를 넣고 소금과 메이플 설탕을 넣어
고루 섞어요.

3 여기에 차가운 무염버터를 잘라 넣
고 손끝으로 비비듯이 섞어요.

4 버터가 잘 섞이면 ①을 붓고 주걱으
로 자르듯이 섞어요.

5 반죽이 한 덩어리가 되면 평평하게
만들어 비닐백에 담아 냉장고에 30
분 이상 넣어둬요.

6 반죽을 냉장고에서 꺼내 밀대로 2~
3cm 두께로 밀어요.

7 반죽을 주름 원형 커터를 이용해 찍
어내요.

8 오븐팬에 놓고 달걀물을 바른 뒤
170℃의 오븐에서 25분가량 구워요.

green tea financier

부드럽고 촉촉한 맛에 반한
녹차 피낭시에

금괴 모양을 닮았다고 해서 피낭시에라는 이름이 붙여졌
는데, 프랑스에서는 서로 금전운을 바라며 이 과자를 주고
받는다고 해요. 하루 정도 숙성시켰다가 먹으면 부드럽고
촉촉한 맛이 일품이에요.

재료(7~8개)

달걀흰자 125g
설탕 95g
꿀 25g
아몬드가루 50g
박력분 47g
녹차가루 3g
무염버터 125g

PARANDAL TIP

전형적인 피낭시에틀뿐만
아니라 최근에는 다양한 모
양의 틀이 많아요. 다양한
모양의 틀을 활용하거나 포
장으로 변화를 주어도 예쁘
답니다.

1 팬에 무염버터를 넣고 갈색이 될 때
까지 끓여요.

2 끓인 무염버터를 체에 곱게 걸러요.

3 볼에 달걀흰자와 설탕, 꿀을 넣고 잘
섞어요.

4 여기에 체 친 아몬드가루와 박력분,
녹차가루를 넣고 고루 섞어요.

5 ②의 무염버터를 넣고 잘 섞어요.

6 볼을 랩으로 씌운 다음 30분 정도
냉장고에 넣어 차게 해요.

7 피낭시에틀에 반죽을 80% 정도까
지 넣고 180~190℃의 오븐에서 12
분가량 구워요.

hazelnut financier

맛도 모양도 남다른
헤이즐넛 피낭시에

항상 같은 모양의 금괴 모양 피낭시에 대신 봄꽃을 닮은
피낭시에를 구워봤어요. 한입 크기의 앙증맞은 틀에 구워
조금 특별한 피낭시에를 만들어보세요.

재료(약 12개)

무염버터 85g
달걀흰자 120g
설탕 90g
박력분 60g
헤이즐넛파우더 40g
소금 1/2ts
럼 1Ts

1 팬에 무염버터를 넣고 끓이다가 갈색이 되면 체에 걸러요.

달걀 흰자에 설탕을 넣고 먼저 녹인 다음 나머지 재료를 넣고 잘 섞어요.

2 볼에 달걀흰자와 설탕, 체 친 박력분, 헤이즐넛파우더, 소금을 넣고 잘 섞어요.

3 ①의 끓인 버터를 ②의 반죽에 두 번에 나눠 넣고 섞어요.

반죽을 짤 때 짤주머니를 이용하면 훨씬 편리해요.

4 럼을 넣고 거품기로 다시 섞어요.

5 볼을 랩으로 씌워 냉장고에서 30분가량 휴지시켜요.

짤주머니를 이용하면 훨씬 편해요.

6 반죽을 피낭시에틀에 80% 정도 넣고 180~190℃의 오븐에서 12분가량 구워요.

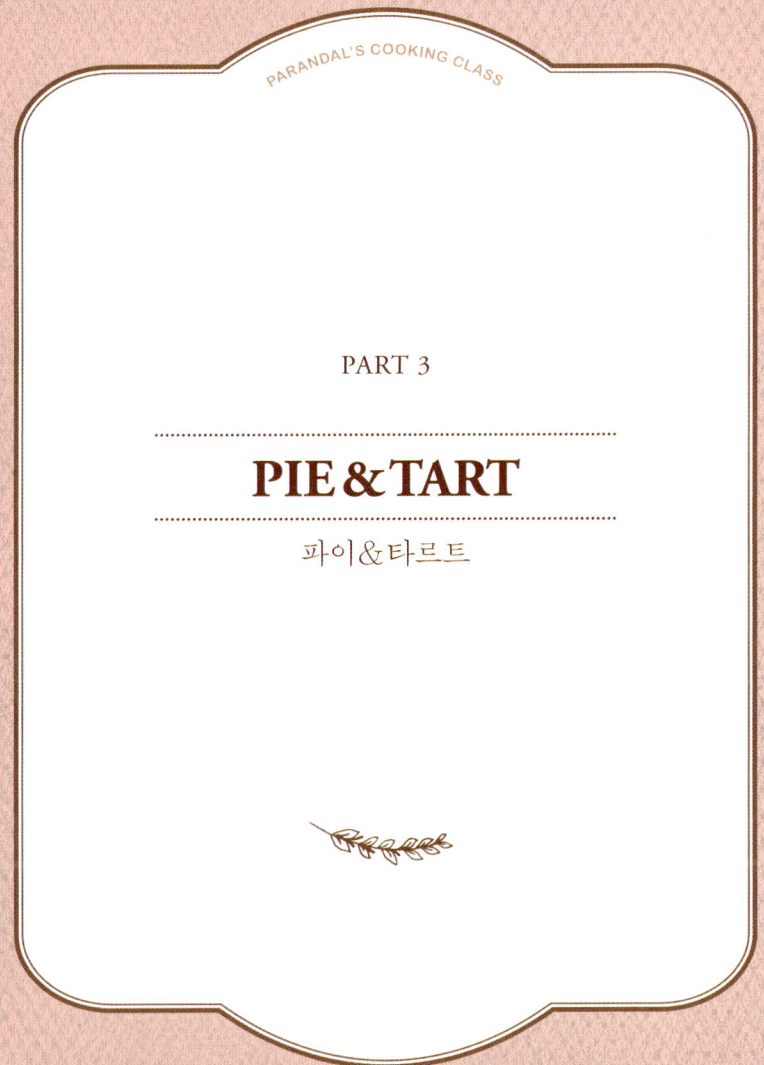

PART 3

PIE & TART

파이 & 타르트

아삭아삭 달콤한 게 그리운 날
애플파이

저는 과일 중 사과를 가장 좋아해요. 그냥 먹어도 맛있고, 다양한 요리에 활용하기도 좋은 사과. 하지만 이따금씩 달지도, 새콤하지도 않은 맛없는 사과가 생길 때면 애플파이를 만들어요. 집에 맛없는 사과가 굴러다닌다면, 맛있는 파이로 변신시켜보세요. 파이를 만들고 나서도 남는 사과는 사과잼을 만들어보세요. 사과와 설탕을 2:1 비율로 넣고 레몬즙 1큰술을 넣은 뒤 믹서에 갈아 불에 올려 20분가량만 조리면 됩니다.

재료(미니 타르트틀 4개
or 15cm 타르트틀 1개)

파이지
박력분 80g
강력분 70g
버터 90g
물 50g
소금 약간

사과 필링
사과(중간 크기) 2개
버터 20g
설탕 50g
시나몬가루
약간

달걀물 약간

1 사과는 껍질을 벗겨서 얇게 썰
   어요.

2 오목한 팬에 설탕과 버터를 넣
   고 약한 불에서 녹여요.

3 ①의 사과를 넣고 물기가 날리
   면서 조려요.

4 불을 끄고 시나몬가루를 넣어
   고루 섞은 뒤 식혀요.

5 파이지 만드는 방법(00쪽 참조)
   에 따라 반죽을 준비하고, 반죽
   을 밀대로 밀어 0.3~0.5cm 두께
   로 얇게 밀어요.

6 반죽을 타르트틀에 넣고 밀착시
   킨 뒤 가장자리를 스크래퍼를
   이용해 잘라내고 포크로 바닥에
   구멍을 내요.

7 여기에 사과조림을 넣고 남은
   반죽은 다시 밀어 길게 잘라 위
   를 벌집 모양으로 장식해요.

8 날샬물을 고루 바르고 180℃ 오
   븐에서 20분간 구워요.

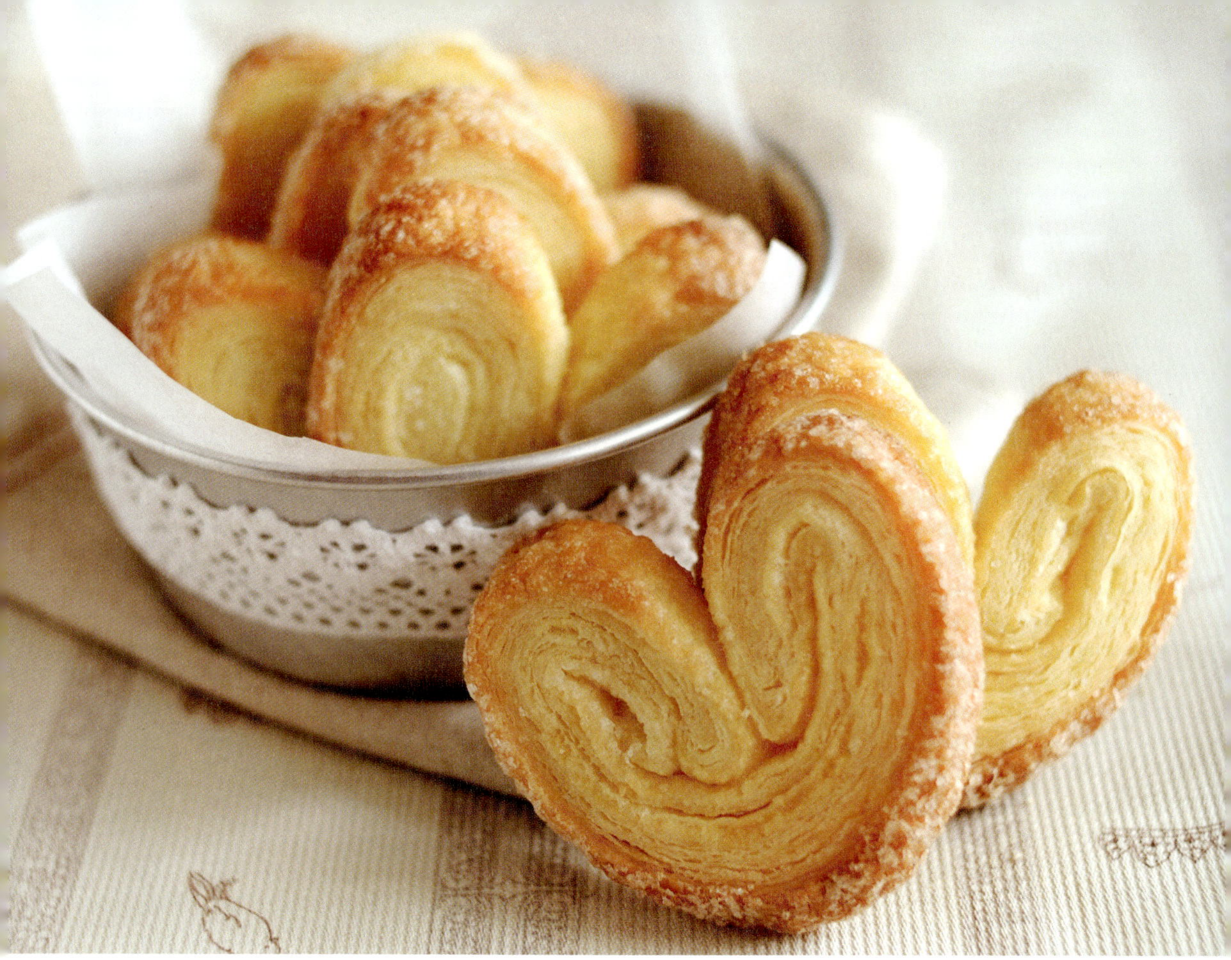

heart pie

연인을 위한 귀여운 선물

하트파이

집에서 크루아상을 만든 적 있는데, 그때의 결론은 '크루아상은 그냥 사서 먹자!'였어요. 정말 손도 많이 가고, 만드는 데 시간도 오래 걸렸거든요. 그런데 얼마 전 정말 맛있는 파이를 맛보고, 그 맛을 잊지 못해 다시 만들어봤어요. 손은 많이 가지만 파삭파삭 맛있는 파이! 달콤한 하트 모양의 파이로 마음을 전해보세요.

재료(약 20개)

박력분 200g
버터 135g
슈거파우더 20g
차가운 우유 35ml
찬물 35ml
소금 2g

포장 아이디어

하트 파이처럼 모양이 예쁜 쿠키는 내용물이 잘 보이도록 포장하면 좋겠죠? 하나씩 비닐봉투에 포장한 뒤 일회용 파운드케이크틀이나 직사각형 상자에 담아 선물하세요.

1 24쪽 파이지 반죽하기를 참고해 파이지를 준비해요. 바닥과 반죽에 설탕을 충분히 뿌리고 밀대로 넓게 밀어요.

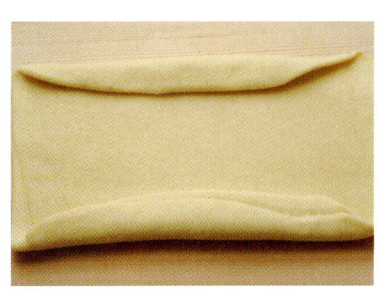

2 반죽을 눈대중으로 4등분한 뒤 위와 아래의 1/4 지점을 접어요.

이때 너무 꽉 붙이면 반으로 접기 어려우니 가운데는 약간 공간을 두세요.

3 반죽이 맞닿도록 다시 한 번 접어요.

4 양 끝을 맞붙이고 랩으로 감싼 뒤 냉장실에 20분가량 넣어둬요.

5 반죽을 꺼내 다시 설탕에 굴린 뒤 약 1cm 두께로 잘라요.

하트파이는 구우면서 부피가 많이 커지므로 충분한 공간을 두고 팬닝하세요.

6 오븐팬에 충분한 간격을 두고 놓은 다음, 180℃로 예열한 오븐에서 15~20분간 구워요.

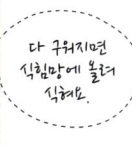

다 구워지면 식힘망에 올려 식혀요.

7 굽는 동안 반죽 끝 부분이 벌어질 수 있으니 중간에 꺼내 젓가락이나 뒤집개 등을 이용해 양 끝을 붙이면서 구워요.

캐러멜과 고소한 아몬드의 만남
플로랑텡 아망드

타르트 반죽이 남았을 때 자주 만드는 플로랑텡 아망드
랍니다. 하나씩 포장해서 선물하면 누구나 환하게 웃는
고급 과자예요.

재료(20×20cm
사각 무스틀 1개)

사블레 반죽
박력분 105g
아몬드가루 15g
무염버터A 60g
슈거파우더 35g
달걀 20g

토핑
무염버터B 20g
설탕 25g
꿀 25g
생크림 50g
아몬드 슬라이스 55g

1 26쪽 타르트지 반죽하기를 참고해
샤블레 반죽을 완성하고 약 180g을
계량해 둬요.

2 반죽을 밀대로 0.4~0.5cm 두께로
밀어 사각 무스틀을 이용해 잘라
내요.

3 반죽을 틀째 오븐팬으로 옮긴 다음,
포크로 바닥에 구멍을 내고, 170℃
로 오븐에서 15분가량 구워요.

4 냄비에 무염버터B와 설탕, 꿀, 생크
림을 넣고 끓여요.

5 여기에 아몬드 슬라이스를 넣고 끈
적거리는 느낌이 날 때까지 끓여요.

6 ③의 구운 쿠키에 ⑥의 혼합물을 고
루 펴 발라요.

7 170~180℃로 예열한 오븐에서 12~
13분가량 색깔을 보아가며 구워요.

8 뜨거울 때 자르면 끈적거리니 한 김
식혀서 잘라요.

행복 전도사
다크 초콜릿 타르트

스위스 사람들이 행복한 이유는 매일 먹는 초콜릿 때문이라는 말이 있지요. 실제로 초콜릿의 폴리페놀은 스트레스를 완화시켜 먹는 것만으로도 뇌에 안정감을 준다고 해요. 우울할 때는 진하고 달콤한 초콜릿 타르트를 구워보세요. 초콜릿 필링으로 가득한 초콜릿 타르트를 만드는 동안만큼은 잠시 걱정을 잊고 맛있게 완성될 타르트만 즐겁게 상상하자고요!

재료(18cm 타르트틀 1개)

쿠키 타르트 시트
무염버터A 45g
슈거파우더 25g
달걀 15g
박력분 75g
코코아파우더 5g
아몬드가루 10g

가나슈
다크 초콜릿 110g
생크림 75g
물엿 10g
무염버터B 30g
칼루아(생략 가능) 7g

쿠키 타르트 시트

1 볼에 실온의 무염버터A를 잘 풀고 체 친 슈거파우더를 넣고 잘 섞어요.

2 여기에 실온의 달걀을 넣고 거품기로 잘 섞어요.

3 체 친 박력분과 코코아파우더, 아몬드가루를 넣고 주걱으로 자르듯이 잘 섞어요.

4 반죽이 한 덩어리가 되면 납작하게 만들어 비닐백에 담아 냉장고에 1시간 이상 넣어둬요.

5 반죽을 꺼내 밀대로 0.3cm 두께로 밀어요.

6 타르트틀에 ⑤의 반죽을 얹고 테두리 부분을 꼼꼼하게 붙여요.

7 튀어나온 반죽은 스패튤러나 스크래퍼를 이용해서 깔끔하게 잘라요.

8 ⑦의 반죽 위에 쿠킹포일을 깔고 누름돌을 얹어 180℃로 예열한 오븐에서 15분가량 구워요.

9 중간에 쿠킹포일과 누름돌을 걸어 내고 170℃로 예열한 오븐에서 10분간 구운 뒤 식혀요.

가나슈

10 냄비에 생크림과 물엿을 넣고 테두리에 거품이 일어나도록 살짝 끓여요.

11 볼에 다크 초콜릿을 넣고 ⑩을 부은 뒤 30초~1분 정도 잠시 둬요.

잘 녹지 않는다면
전자레인지나 중탕을
이용해서 완전히
녹이세요.

12 가운데 방향부터 젓기 시작해서 초콜릿을 완전히 녹여요.

13 여기에 실온의 부드러운 무염버터 B를 넣고 섞어요.

칼루아는 커피술로
풍미를 좋게 해요.

14 온도가 내려가면 칼루아를 넣고 잘 섞어요.

15 구운 쿠키에 매끄럽게 섞인 가나슈를 붓고 실온에서 1시간가량 굳히고 피스타치오로 장식해요.

mandarin orange tart

겨울철 추억이 떠오르는
귤 타르트

부드러운 커스터드 크림 위에 새콤한 귤이 가득해요. 꼭
귤이 아니라도 자몽이나 한라봉 등 다른 과일을 활용해도
좋아요. 색감도 맛도 상큼한 타르트, 초록빛 피스타치오로
포인트를 주면 싱그러운 느낌을 더할 수 있어요.

재료(12cm 타르트틀 2개
or 20cm 타르트틀 1개)

타르트 시트
박력분A 150g
아몬드가루 20g
무염버터A 85g
슈거파우더 50g
달걀 30g

커스터드 크림
우유 250g
바닐라빈 1/2개
설탕 60g
달걀노른자 60g
박력분B 12g
전분 10g
무염버터B 23g

생크림 100g

장식
귤 통조림 1통
피스타치오 약간

타르트 시트

1 26쪽 타르트지 만들기를 참고해 반죽을 완성하고, 밀대로 0.3cm 두께로 얇게 밀어요.

2 둥글고 얇게 민 반죽을 밀대에 감아 타르트틀에 올려요.

3 손끝으로 반죽을 꾹꾹 눌러가며 타르트틀에 밀착시켜요.

4 타르트틀을 튀어나온 반죽을 스패튤러를 이용해 잘라내요.

5 반죽 위에 쿠킹포일을 깔고 누름돌을 얹은 뒤 170℃의 오븐에서 15분가량 구워요.

6 오븐에서 꺼내 쿠킹포일과 누름돌을 제거하고 다시 오븐에 넣어 170℃에서 10분가량 구운 다음 완전히 식혀요.

바닐라빈은 미리
반을 갈라서
긁어 놓으세요

커스터드 크림

7 바닐라빈과 우유, 달걀노른자, 박력분 B, 전분, 무염버터B, 설탕을 섞어 커스터드 크림을 만들어요(30쪽 참고).

8 생크림은 핸드믹서를 이용해 단단하게 휘핑해요.

9 차갑게 식은 ⑦의 커스터드 크림에 ⑧의 단단해진 생크림을 나눠 넣어요.

10 크림을 짤주머니에 담고 식은 타르트 시트에 짜서 채워요.

장식

11 통조림 귤은 키친타월이나 철망에 얹어 물기를 없애요.

12 귤을 돌려가며 얹고 피스타치오로 장식해요.

strawberry cheese tart

부드럽고 상큼한

스트로베리 치즈 타르트

생각해보니 딸기철에 스트로베리 치즈 타르트를 만들지
않고 지나간 해는 한 해도 없었어요. 그만큼 즐겨 만드는
메뉴이고 또 선물 받는 이들도 좋아하는 메뉴에요. 싱싱하
고 예쁜 딸기로 사랑스러운 타르트를 완성하세요.

재료

(20cm 타르트틀 1개 분량)

타르트지

박력분 150g
아몬드가루 20g
버터 85g
슈가파우더 50g
달걀 30g

치즈필링

크림치즈 200g
설탕 45g
달걀 1개
버터 20g
생크림 30g,

토핑

생크림 100g
설탕 10g
딸기 10개
피스타치오
슈가파우더 약간

타르트지 반죽하기는 26쪽을 참고하세요.

타르트지 만들기

1 타르트지는 3mm 정도의 두께가 되도록 민 뒤, 틀에 잘 꼼꼼하게 붙여요.

치즈필링 만들기

2 볼에 크림치즈를 부드럽게 풀고, 설탕을 넣은 뒤 덩어리 없이 잘 섞어요.

3 여기에 달걀과 실온의 부드러운 버터를 넣고 거품기로 잘 섞어요.

4 반죽이 매끄럽게 섞이면 생크림을 넣고 섞어요.

5 반죽을 ①에 붓고, 170도로 예열된 오븐에서 30분가량 구운 뒤, 완전히 식혀요.

완성하기

6 토핑에 사용할 생크림과 설탕은 단단하게 거품을 낸 뒤, 완전히 식힌 타르트 위에 발라요.

7 그 위에 반으로 자른 딸기를 빙 둘러가며 얹어요.

8 마지막에 슈가파우더와 피스타치오 가루로 장식하면 완성.

chicken pot pie

추운 날에 제격!
치킨 팟파이

차가운 바람이 불 때면 진하고 부드러운 치킨 수프가 생
각나요. 바삭바삭한 윗면의 파이 부분을 수프에 찍어 먹
는 재미도 쏠쏠해요.

재료 (2인분)

감자 1/2개
당근 1/3개
양파 1/4개
완두콩 1/4컵
닭 가슴살 2조각
소금A 약간
후춧가루 약간
포도씨유 약간
무염버터A 20g
중력분 20g
닭 육수 1컵
우유 1컵

파이지

강력분 75g
박력분 75g
소금B 2g
설탕 5g
물 50g
무염버터B 95g

1 감자와 당근, 양파는 사방 0.5cm 크기로 썰어요. 닭 가슴살은 삶아서 가늘게 찢어요.

2 달군 팬에 포도씨유를 두르고 ①을 모두 넣어 볶고 소금과 후춧가루로 간해요.

3 다른 팬에 무염버터A를 녹이고 중력분을 넣고 섞어요. 타지 않도록 주의하세요.

4 닭 육수와 우유를 조금씩 넣어가며 걸쭉한 농도가 되도록 끓이다가 ②를 넣고 다시 끓여요.

5 그릇에 끓여놓은 ④를 담아요.

6 24쪽을 참고해 파이지를 반죽하고, 그릇 크기에 맞게 자른 뒤 테두리에 달걀물을 얇게 발라요.

7 ⑤에 파이지를 덮어 꼼꼼하게 붙이고 뾰족한 꼬치로 반죽에 구멍을 내요.

8 위에 다시 달걀물을 바르고 200℃의 오븐에서 15~20분가량 구워요.

apricot hazelnut tart

어른들에게 사랑받는
살구 헤이즐넛 타르트

폭신한 헤이즐넛 크림에 노란 개나리빛 살구를 얹어 구
위보세요. 달지 않아 어른들도 좋아하는 영양 간식이랍
니다.

재료(20cm 타르트틀 1개)

타르트지
박력분 150g
아몬드파우더 20g
시나몬파우더A 2g
무염버터A 85g
슈거파우더A 50g
달걀A 30g

헤이즐넛 크림
무염버터B 40g
슈거파우더B 40g
달걀B 40g
헤이즐넛가루 40g
시나몬파우더B 2g
럼 1ts

토핑
살구 7개
헤이즐넛 약간
살구 광택제 약간

타르트 시트

타르트지는 26쪽을 참고해 미리 반죽해요.

1 타르트지를 반죽한 뒤 0.3cm 두께로 밀어서 타르트틀에 꼼꼼하게 붙여요.

헤이즐넛 크림

2 실온의 부드러운 무염버터B를 풀고 슈거파우더B를 넣고 잘 섞어요.

3 여기에 달걀B를 두세 번에 나눠 넣고 거품기로 잘 섞어요.

4 체 친 헤이즐넛가루와 시나몬파우더B를 넣고 섞은 뒤 럼을 넣고 섞어요.

5 ①의 타르트틀에 헤이즐넛 크림을 70% 정도 채워요.

토핑

6 살구는 물기를 빼고, 헤이즐넛은 150℃의 오븐에서 7~8분가량 노릇하게 구운 뒤 다져요.

7 물기를 뺀 살구를 올리고 다진 헤이즐넛을 뿌린 뒤 170℃의 오븐에서 30~35분가량 구워요.

8 구운 타르트에 살구 광택제를 발라요.

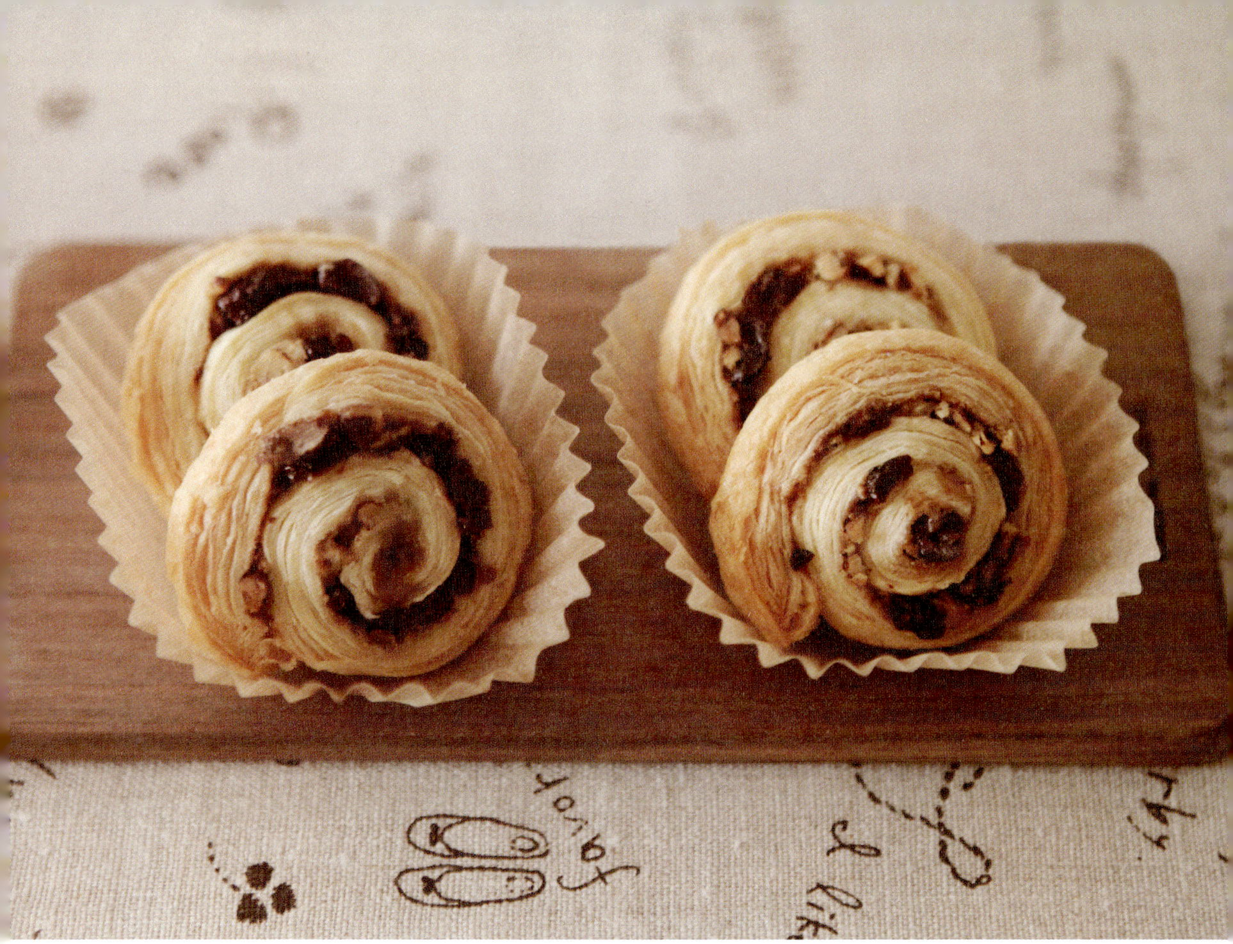

cinnamon roll pie

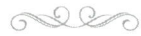

반짝이는 아이디어로 만든

시나몬 롤 파이

쿠키로 시나몬 롤을 만들 수 없을까 하는 생각을 하곤 했어요. 고민 끝에 바삭한 질감의 시나몬 롤 파이를 만들었는데, 그 맛이 궁금하지 않으세요?

재료(15~17개)

파이지
강력분 75g
박력분 75g
소금 2g
설탕 5g
물 50g
무염버터 95g

필링
흑설탕 2Ts
크랜베리 35g
피칸 30g
시나몬파우더 1ts

1 24쪽을 참고해 파이지 반죽을 해요.

2 밀대로 휴지시킨 반죽을 0.3~0.4cm 두께의 정사각형 형태로 밀어요.

3 ①의 파이지 위에 흑설탕을 고루 뿌려요.

4 크랜베리와 다진 피칸, 시나몬파우더를 뿌려요.

5 끝에서부터 돌돌 말아 올려요.

6 끝에 물을 살짝 묻혀서 반죽이 풀리지 않도록 오므려요.

7 칼을 이용해 2cm 정도의 두께가 되도록 잘라요.

8 반죽을 팬에 놓고 170℃로 예열한 오븐에서 30분가량 구워요.

green grape tart

싱그러운 계절을 담은
청포도 타르트

이 타르트를 만들기 위해 저는 청포도가 익어가
는 계절을 기다려요. 푸릇푸릇하고 싱그러움으
로 가득한 계절이 오면 꼭 만들어보세요.

재료(12cm 타르트틀 2개
or 20cm 타르트틀 1개)

타르트지
박력분 150g
아몬드가루 20g
무염버터 85g
슈거파우더 50g
달걀 30g

치즈 필링
크림치즈 150g
생크림 150g
설탕 20g
레몬즙 1ts
연유 18g

장식
청포도 1송이

타르트 시트

타르트 시트 반죽은
26쪽을 참고해세요.

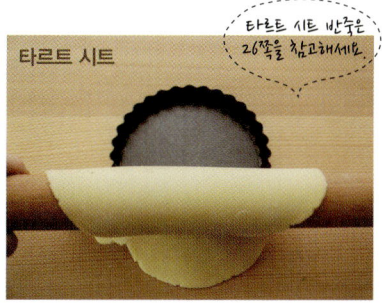

1 타르트지를 반죽한 뒤 밀대로 0.3cm
두께로 밀고 밀대에 말아 타르트틀
로 옮겨요.

2 반죽을 타르트틀에 놓고 바닥과 테두
리가 뜨지 않도록 꼼꼼하게 붙여요.

3 스크래퍼나 스패튤러를 이용해 테두
리 윗부분까지 깔끔하게 정리해요.

4 반죽 위에 쿠킹포일을 깔고 누름돌
을 얹어 170℃의 오븐에서 10분가
량 구워요.

5 오븐에서 꺼내 쿠킹포일과 누름돌
을 제거한 뒤 170℃의 오븐에서 10
분간 구워 식혀요.

치즈 필링

6 볼에 크림치즈를 부드럽게 풀고 설 탕을 넣은 뒤 덩어리 없이 잘 섞어요.

생크림을 미리 조금 단단하게 휘핑해 두었다가 섞어도 좋아요

7 여기에 생크림을 서너 번에 나눠 넣 으며 거품기로 크림이 단단해질 때 까지 휘핑해요.

8 반죽이 매끄럽게 섞이면 연유와 레 몬즙을 넣고 잘 섞어요.

9 타르트 시트에 치즈 필링을 채워 넣 고 냉장고에서 30분가량 굳혀요.

장식

포도는 씨가 없는 것을 사용해야 먹기 편해요

10 청포도는 깨끗하게 씻어 알알이 떼어요.

11 굳은 치즈 필링에 청포도를 빙 둘 러가며 얹어요.

caramel nut tart

평범함을 거부한다!
캐러멜 너트 타르트

평범한 호두 파이는 가라! 아몬드, 땅콩, 마카다
미아 등 고소한 견과류를 듬뿍 넣은 캐러멜 너트
타르트를 소개합니다.

재료(10cm 타르트링 2개
or 20cm 타르트틀 1개)

타르트지
박력분 150g
아몬드가루 20g
무염버터A 85g
슈거파우더 50g
달걀 30g

캐러멜 필링
물엿 25g
황설탕 65g
소금 1g
생크림 70g
무염버터B 35g
너트(호두, 아몬드, 마카다미
아 등) 100g

타르트 시트

*타르트지는 26쪽을
참고해 미리 반죽해요.*

1 타르트지를 반죽하고 밀대로 0.3cm
두께가 되도록 밀어 밀대에 말아 타
르트틀로 옮겨요.

*사진처럼 바닥이 없는
타르트링은 반죽이 녹아 바닥에
붙지 않게 재빨리
작업하세요.*

2 반죽을 타르트틀에 놓고 바닥과 테
두리에 꼼꼼하게 붙여요.

3 스패튤러나 스크래퍼를 이용해 윗
부분의 튀어나온 부분을 말끔히 잘
라내요.

4 반죽 위에 쿠킹포일을 깔고 누름돌
을 얹어 170℃의 오븐에서 10분가
량 구워요.

5 오븐에서 꺼내 쿠킹포일과 누름돌
을 제거한 뒤 다시 170℃의 오븐에
서 10분간 구워 식혀요.

캐러멜 필링

6 너트류는 150℃의 오븐에서 8~10 분가량 구운 뒤 완전히 식혀요.

7 냄비에 물엿과 황설탕, 소금을 넣고 약한 불에서 끓여요.

8 다른 냄비에 생크림을 넣고 뜨겁게 데워요.

9 ⑦이 끓어오르고 갈색이 돌기 시작하면 ⑧의 뜨거운 생크림을 서너 번에 나눠 넣고 섞어요.

10 생크림을 완전히 섞이면 실온의 부드러운 무염버터B를 넣고 섞어요.

11 ⑥의 견과류를 넣고 1~2분가량 졸이듯이 끓여요.

12 구운 타르트 시트에 ⑪의 캐러멜 필링을 붓고 실온에서 1시간가량 굳혀요.

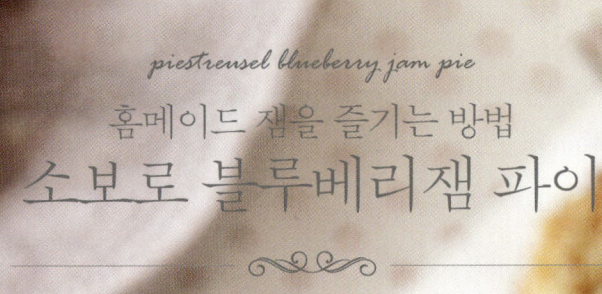

piestreusel blueberry jam pie

홈메이드 잼을 즐기는 방법
소보로 블루베리잼 파이

한입에 쏙 들어가는 앙증맞은 미니 파이는 어떤가요? 홈
메이드 잼으로 파이를 만들면 맛은 물론 기쁨도 배가됩
니다.

재료

(미니 사이즈 머핀 약 20개)

파이지
강력분 75g
박력분A 75g
소금 2g
설탕 5g
물 50g
무염버터A 95g

소보로
박력분B 45g
아몬드가루 45g
황설탕 45g
무염버터B 30g
달걀노른자 1개분

필링
블루베리잼 100g

PARANDAL TIP

한번에 다 굽지 못한 반죽은 냉동고에 보관했다가 나중에 구워도 좋아요.

1 볼에 박력분B와 아몬드가루, 황설탕을 함께 체 쳐서 넣어요.

2 여기에 차가운 무염버터B를 넣고 스크래퍼나 손끝을 이용해서 자르듯이 잘 섞어요.

3 달걀노른자를 풀어 넣고 손으로 부슬부슬 섞어 소보로를 만든 뒤 냉장고에 넣어둬요.

4 24쪽을 참고해 파이지를 반죽하고 3mm 정도의 두께가 되도록 넓게 밀어요.

5 반죽을 넣을 파이틀의 지름보다 큰 주름 커터를 준비해 반죽을 잘라요.

6 자른 반죽을 미니 머핀틀에 끼워 넣어요. 파이 반죽은 쉽게 질어지니 재빨리 작업해요.

잼을 너무 많이 넣으면 넘칠 수 있으니 주의하세요.

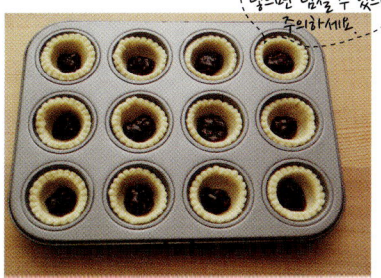

7 블루베리잼을 1/2ts씩 넣어요.

8 그 위에 준비한 소보로를 뿌린 다음, 170℃의 오븐에서 20~25분가량 구워요.

potato spinach quiche

프랑스의 요리 과자
감자 시금치 키쉬

———————— ✦ ————————

한 끼 식사로도 좋은 키쉬는 한 때 브런치 카페의 인기 메
뉴였답니다. 아침에 만들기에 준비시간이 길게 느껴진다
면 파이지는 전날 미리 만들어두세요. 아침에 일어나서 필
링을 만들어서 파이지에 붓고 굽기만 하면 OK! 멋진 브런
치 메뉴가 될 거에요.

재료(20cm 파이틀 1개)

파이지
강력분 75g
박력분 75g
소금 2g
설탕 5g
찬물 50g
무염버터 95g
파르메산 치즈 간 것 1Ts
달걀물 약간

필링
감자(작은 것) 2개
시금치 1줌
양파 1/4개
우유 75ml
생크림 75ml
달걀 2개
소금 약간
후춧가루 약간

파이지

파르메산 치즈는 처음에 밀가루와 함께 넣으세요.

1 24쪽을 참고해 파이지를 반죽하고 0.3cm 두께가 되도록 넓게 밀어요.

2 반죽을 밀대에 말아 타르트틀에 올린 뒤 반죽이 틀의 가장자리 위로 약간 도톰하게 올라오도록 손으로 꼼꼼하게 붙여요.

3 타르트틀에 밀착시킨 뒤 포크로 바닥에 구멍을 내고 냉장고에 10분가량 넣어둬요.

4 반죽을 냉장고에서 꺼내 쿠킹포일을 깔고 누름돌을 얹은 뒤 170℃의 오븐에서 15분가량 구워요.

5 쿠킹포일과 누름돌을 제거하고 달걀물을 얇게 발라 170℃의 오븐에서 10분가량 구워요.

6 달걀 2개는 멍울 없이 잘 풀고 우유와 생크림, 소금, 후춧가루를 넣고 잘 섞어요.

필링

7 감자는 포실하게 쪄서 0.5cm 두께로 슬라이스해서 프라이팬에 한번 구워요.

8 양파는 슬라이스하고 시금치는 손질해서 각각 볶아요.

9 ⑤에 감자와 양파, 시금치 필링을 올리고 180℃의 오븐에서 20~30분가량 구워요.

mini strawberry jam pie

수줍은 아이의 미소 같은
미니 딸기잼 파이

———————❦———————

스프링처럼 부풀어 오른 파이에 곱게 앉아 있는 빨간 딸
기잼이 어찌나 예쁜지! 입 안에서 기분 좋게 바스러지는
달콤한 감촉을 느껴보세요. 직접 만든 홈메이드 잼을 채워
넣으면 더 특별한 잼 파이가 된답니다.

재료(약 10개)

파이지
강력분 75g
박력분 75g
소금 2g
설탕 5g
물 50g
무염버터 95g

장식
달걀물 약간
설탕 약간

필링
딸기잼 100g

1 24쪽을 참고해 파이지를 반죽해서, 0.3cm 두께가 되도록 밀대로 넓게 밀어요.

2 원형 주름 커터를 이용해 반죽을 자르고, 반은 그 안을 원형으로 다시 잘라내요.

3 오븐팬에 유산지를 깔고 커터로 잘라낸 반죽을 얹고 달걀물을 발라요.

4 그 위에 원형으로 잘라 낸 반죽을 얹고 살짝 눌러서 붙여요.

5 달걀물을 바른 뒤 설탕을 뿌리고 200℃의 오븐에서 15분~20분가량 구워요.

6 파이가 구워지면 완전히 식힌 뒤 딸기잼을 채워요.

pecan tart

호두보다 고소함이 두 배!
피칸 타르트

〈서양 골동 양과자점〉이라는 일본 만화책이 있어요. '마성의 게이'로 나오는 파티셰가 만들어내는 케이크는 정말 그림만으로도 침이 넘어가죠. 이 만화에는 이름도 현란한 각종 케이크와 디저트가 등장하는데, 자주 나오는 게 바로 타르트예요. 만화를 읽다가 배고픔을 참지 못하고 피칸을 듬뿍 얹은 타르트를 만들어봤어요.

재료(20cm 타르트틀 1개)

타르트 시트
박력분 150g
무염버터 80g
슈거파우더 50g
달걀 30g

필링
흑설탕 40g
무염버터 50g
물엿(또는 시럽) 70g
달걀 1개
달걀노른자 1개분
피칸(또는 호두) 120g

1 실온의 무염버터에 슈거파우더를 넣고 거품기로 부드럽게 풀고 달걀 푼 것을 서너 번에 나누어 넣고 섞어요.

2 체 친 박력분을 넣고 주걱으로 자르듯이 섞어요.

3 반죽이 한 덩어리가 되면 비닐백에 넣어 냉장실에 1시간 이상 둬요.

4 단단해진 반죽을 꺼내 밀대로 밀어 평평하고 동그랗게 펴요.

5 타르트틀에 ④의 반죽을 올리고 틀에 맞춰 가장자리를 꼼꼼하게 붙이고 정리해요.

6 틀에서 튀어나온 반죽은 칼이나 스크래퍼로 잘라내고 바닥에 포크로 구멍을 내요.

7 반죽 위에 쿠킹포일을 깔고 누름돌을 채우고 180℃로 예열한 오븐에서 20분간 구워요.

8 오븐에서 타르트 시트를 꺼내 쿠킹포일과 누름돌을 제거한 뒤 10분가량 더 구워요.

달걀이 익지 않도록
조심하고 혹시 익었으면
체에 한번 걸러요.

9 냄비에 물엿과 무염버터, 흑설탕을
   넣고 흑설탕이 녹을 정도로 약한 불
   에서 끓여요.

10 불에서 내려 식힌 뒤 달걀과 달걀
   노른자를 잘 풀어 넣고 빠르게 섞
   어요.

피칸은 미리 겉면에
기름이 살짝 돌 정도로 오븐에서
잠시 구워 견과류 특유의
비릿한 맛을 없애세요.

11 여기에 피칸을 넣고 잘 섞어요.

12 타르트 시트에 피칸을 넣고 필링
   을 부은 뒤 170℃로 예열한 오븐
   에서 30분가량 구워요.

더 건강하게 빵·과자를 굽는 방법이 있나요?

일반적으로 사용하는 홈베이킹 재료 중 일부를 건강한 재료로 대체하면 좀 더 건강하게 만들수 있답니다. 제가 그 비법을 알려드릴게요.

01 설탕 대신 허니파우더나 유기농 설탕

홈베이킹에서 밀가루 외에도 많이 쓰는 재료를 꼽으라면 단연 설탕이지요. 사실 양과자는 버터, 밀가루, 설탕을 기본 재료로 만들어지거든요. 베이킹에서 사용하는 설탕은 기본적으로 백설탕인데, 이게 비만과 당뇨의 주범으로 꼽히는 녀석이죠. 그러니 허니파우더(꿀을 말려서 만든 가루)나 유기농 설탕을 활용하면 더 건강하게 만들수 있어요. 단 유기농 설탕은 대부분 알갱이가 굵은 편이라 잘 녹지 않는 편이니 입자 크기를 꼭 확인해보고 구입하세요.

02 밀가루 대신 쌀가루

밀가루 말고 쌀가루로도 빵을 만들 수 있어요. 쌀가루를 사용할 때는 글루텐을 따로 넣어주어야 하는데, 요즘에는 글루텐이 포함된 쌀가루를 많이 판매하고 있고, 종류도 현미가루, 흑미가루, 등 다양하게 나와 있어요. 밀가루를 사용한 빵이 부드럽고 폭신하다면 쌀가루로 만든 빵은 쫄깃한 맛이 좋고 소화도 더 잘 된답니다.

03 유기농 밀가루와 우리밀 사용하기

우리가 사용하는 밀가루는 대부분 미국산이에요. 미국산 일반 밀가루에는 농약을 많이 사용하는데, 봉지를 뜯어서 뽀얀 상태를 보면 알겠지만 농약 덕분에 그 상태를 유지하는 거랍니다. 그래서 요즘엔 유기농 밀가루를 사용하는 사람들이 늘고 있어요. 유기농 밀가루는 호주산이 많은데, 농약을 적게 사용해서 일반 밀가루보다는 조금 더 안심하고 먹을 수 있어요.
또 추천할 만한 재료는 우리밀인데, 사실 우리밀은 서양의 말과는 달리 글루텐 함량이 높아서 빵을 만들기엔 적합하지 않답니다. 대신 머핀이나 파운드케이크 등을 만들 때는 괜찮으니 사용해보세요.

04 바닐라향 등의 화학첨가물은 필요할 때만

처음 빵을 만들 때는 베이킹파우더나 베이킹소다, 바닐라향, 바닐라 오일 등 모든 재료를 하나라도 빠뜨리면 안 되는 줄 알고 꼭꼭 챙겨 넣었지요. 물론 빠뜨리면 안 되는 재료들도 있긴 하지만 꼭 그런 건 아니더라고요. 베이킹파우더나 베이킹소다는 화학물질이라 피하는 것이 좋지만 현재로서는 대체 재료가 없기 때문에 사용하는 것이라고 해요. 그래서 전 집에서 간단한 쿠키를 구울 때는 베이킹파우더나 소다를 넣지 않고 달걀을 오래 휘핑하여 공기를 많이 넣어 반죽을 부풀게 해요. 하지만 폭신폭신한 머핀이나 파운드케이크 등에는 거의 넣지 않으면 안 되니 가능하면 적게 사용하는 게 좋겠지요?

PART 4

CAKE

케이크

우울한 기분을 달래주는
브라우니

브라우니는 색깔 때문에 브라우니인 줄 알았는데, 알고 보니 스코틀랜드 전설 속에 나오는 요정이라고 해요. 밤이 되면 나타나 집안일을 하고 사람들이 깨기 전에 사라진다고 하니, 참 착한 요정이죠? 진한 브라우니는 비가 오는 우울한 날 먹어주면 좋아요. 달콤한 맛이 우울한 기분도 달래주거든요. 혹시 오늘 울적하셨나요? 그렇다면 진한 브라우니로 기분을 달래보세요.

재료(15×15cm 사각틀 1개)

다크 초콜릿 150g
버터 120g
달걀 2개
설탕 120g
박력분 80g
코코아파우더 15g
다진 호두 80g

1 볼에 다크 초콜릿과 실온의 버터를 넣고 전자레인지나 중탕으로 부드럽게 녹인 뒤 약간 식혀요.

2 다른 볼에 달걀 2개를 풀고 설탕을 넣어 서걱거리는 소리가 잦아들 때까지 거품기로 저어요.

3 ②에 ①의 초콜릿을 조금씩 흘려 넣으며 거품기로 잘 섞어요.

4 체 친 박력분과 코코아파우더, 다진 호두를 넣고 주걱으로 고루 섞어요.

5 케이크틀에 테플론 시트나 유산지를 깔고 ④를 부어요.

6 170℃로 예열한 오븐에서 30분가량 구워요. 중간에 꼬치로 찔러봐서 묻어나오는 게 없으면 다 익은 거예요.

PARANDAL TIP

브라우니를 보면 언제나 〈빨간머리 앤〉이 생각나요. 엄하지만 따뜻했던 마릴라 아주머니, 착하고 사람 좋은 매튜 아저씨, 모든 소녀가 꿈꾸는 이상적인 친구 다이애나 등 좋은 사람들이 많았죠. 앤이 처음 사각형 초콜릿 케이크(아마도 브라우니겠죠?)를 구웠을 때, 마릴라 아주머니가 특유의 무표정한 모습으로 맛을 보던 장면이 기억에 남아요. 고마움을 전하고 싶은 분이 있다면 맛있는 브라우니로 사랑을 전해보세요.

진하고 풍부한 맛

뉴욕 치즈 케이크

뉴욕 치즈케이크는 왜 '뉴욕'이라는 이름이 붙었을까요?
찾아보니 뉴욕 치즈케이크는 1920년대 뉴욕에서 시작된
스타일로 별다른 첨가물 없이 진하고 풍부한 치즈의 맛을
느끼도록 만든 케이크라고 해요. 이 케이크는 제가 자주
선물하는 아이템인데, 그때마다 모두들 좋아하는 인기 만
점 메뉴랍니다.

재료(18cm 원형틀 1개)

크림치즈 450g
설탕 120g
전분 20g
달걀 2개
생크림 100ml
사워크림(또는 플레인
요거트) 100ml
통밀쿠키(다이제스티브
비스킷) 80g
무염버터 30g

PARANDAL TIP

**치즈 반죽으로 미니 치즈 타르
트를 만들어보세요**

가끔 디저트로 치즈 케이크 한
조각이 부담스러울 때는 미니
치즈 타르트를 만들어보세요.
이때 타르트틀은 시판 쿠키를
쓰면 간편해요. 치즈 반죽을
만든 뒤 타르트틀 위에 조금씩
흘려 넣고 180℃로 예열한 오
븐에서 10~15분가량 구워요.
위에 슈거파우더를 살짝 뿌린
뒤 블루베리나 크랜베리 등 말
린 과일로 장식하세요.

1 통밀쿠키를 손으로 꼭꼭 눌러 부
순 뒤 실온의 무염버터를 넣고 섞
거나 푸드 프로세서로 갈아요.

감자 으깨기나 끝이 둥근 컵을 이용하면 꼼꼼하게 누를 수 있어요.

2 케이크틀에 ①의 비스킷을 넣고
꼭꼭 눌러요.

크림치즈가 단단할 때는 전자레인지에 20초가량 돌려서 사용해요.

3 볼에 크림치즈를 넣고 핸드믹서
로 부드럽게 휘핑한 뒤 설탕을
넣고 충분히 휘핑해요.

4 생크림을 넣고 핸드믹서를 이용
해 휘핑해요.

5 다시 사워크림(플레인 요거트)
을 넣고 휘핑해요.

6 달걀 푼 것을 조금씩 넣어가며
휘핑한 뒤 체 친 전분을 넣고 거
품기로 고루 섞어요.

바닥이 분리되는 분리형 틀은 쿠킹포일로 틀의 바깥 부분을 감싸줘요.

7 케이크틀에 테플론 시트를 깔고
반죽을 80% 정도까지 부어요.

그래야 촉촉한 케이크가 됩니다

8 틀의 4분의 1쯤 오도록 오븐팬
에 물을 붓고 중탕으로 구워요.

중간에 오븐 안을 들여다보고 표면이 탈 것 같으면 쿠킹포일을 덮어요.

9 180℃로 예열한 오븐에서 15분
간, 160℃에서 50분가량 구워요.

동화 속 나라가 떠오르는
초콜릿 케이크

로알드 달의 소설 〈찰리와 초콜릿 공장〉이 동화적 상상력을 지닌 팀 버튼 감독에 의해 영화화됐는데, 보는 내내 '초콜릿 먹고 싶어!'라는 생각이 들더라고요. 아니나 다를까 극장을 빠져나온 우리 부부는 누가 먼저랄 것도 없이 초콜릿 코너로 달려갔답니다. 윌리 웡카 초콜릿 공장에서 흐르던 초콜릿 강만큼은 아니지만 초콜릿을 듬뿍 넣어 만드는 초콜릿 케이크. 영화를 보셨다면 움파룸파족의 신나는 노래를 흥얼거리며 만들어보세요.

재료(18cm 원형틀 1개)

박력분 30g
코코아파우더 30g
설탕 110g
다크 초콜릿 90g
무염버터 60g
달걀(노른자, 흰자 분리) 3개
생크림 50ml
장식용 슈거파우더 약간

포장 아이디어

원형 케이크를 포장할 때 부피가 커서 불편할 때가 있어요. 그럴 때는 케이크를 조각으로 자른 뒤에 포장해보세요. 포장하기도 편하고 받는 사람도 먹기 편하답니다. 상자에 담아 리본으로 묶어주면 예쁘답니다.

1 볼에 다크 초콜릿과 무염버터를 담고 중탕으로 녹인 뒤 불에서 내려 따뜻하게 데운 생크림을 조금씩 넣어가며 고루 섞어요.

2 여기에 달걀노른자와 설탕 50g을 넣고 거품기로 잘 섞어요.

3 잘 섞이면 체 친 박력분과 코코아파우더를 넣고 거품기로 고루 섞어요.

4 다른 볼에 달걀흰자와 설탕 60g을 넣고 핸드믹서로 거품을 내서 단단한 머랭을 만들어요.

5 머랭의 3분의 1을 덜어 ③의 반죽에 넣고 거품이 꺼지지 않게 살살 섞어요.

6 남은 머랭을 두 번에 나눠 넣으며 주걱으로 뒤집듯이 살살 섞어요.

다 구워지면 식혀서 슈거파우더를 뿌려 장식해요

7 틀에 유산지나 테플론 시트를 깔고 반죽을 부은 뒤 160~170℃로 예열한 온도에서 30분가량 구워요.

banana chocolate roll cake

바나나와 초콜릿의 하모니
바나나 초코 롤케이크

음식 재료마다 어울리는 궁합이 있는데 바나나와 초콜릿
은 참 잘 어울리는 한 쌍인 것 같아요. 초코 시트에 바나나
를 통째 올려 돌돌 말았는데 손이 좀 간다는 단점이 있지
만 자주 만들고 싶을 만큼 맛이 좋아요. 주말에 식구들과
먹어도 좋고, 좋아하는 친구에게 선물해도 그만이지요.

재료(22×30cm 철판틀 1개)

박력분 40g
달걀 3개
설탕 65g
코코아파우더 15g
버터 15g
바나나 2개
생크림 80g
초콜릿 120g

1 볼에 달걀을 풀고 설탕을 넣은 뒤 중탕으로 설탕을 녹여요.

2 설탕이 녹으면 불에서 내려 핸드믹서로 원래 분량의 3배 가까이 되도록 충분히 휘핑해요.

3 ②에 체 친 박력분과 코코아파우더를 넣고 거품이 꺼지지 않도록 주걱으로 살살 섞어요.

4 전자레인지에서 살짝 녹인 버터를 ③에 넣고 매끄럽게 섞어요.

5 팬에 유산지를 깔고 반죽을 부은 다음 스크래퍼로 윗면을 평평하게 정리해요.

시트가 식으면 종이를 벗기고 색이 진한 부분이 위로 가도록 돌려요.

6 180℃로 예열한 오븐에서 10분가량 구워 식힘망에 올려 식혀요.

7 식히는 동안 다른 볼에 초콜릿과 생크림을 담고 중탕으로 녹여요.

8 ⑦이 식으면 ⑥의 시트에 스패튤러로 적당히 펴 바르고 바나나를 잘라 일렬로 올려요.

9 ⑧을 끝에서부터 잡아당기는 느낌으로 돌돌 말아요.

10 단단하게 만 롤케이그는 냉장실에 1시간 이상 굳혀서 먹어요.

우리 사랑처럼 쫀득쫀득
찹쌀 케이크

저는 베이커리와 디저트 메뉴를 즐기는 세대라 아침식사
로 빵이나 샌드위치도 즐겨 먹고 간식으로 쿠키나 케이크
도 잘 먹어요. 하지만 할머니 세대만 해도 과자는 달아서
싫다고 하는 분이 많아요. 그래서 할머니를 만나러 가는
날 준비했던 찹쌀 케이크예요. 쫀득쫀득한 게 맛있어서 할
머니뿐만 아니라 아이들도 아주 맛있게 먹었답니다.

재료(18cm 원형틀 1개)

찹쌀가루(습식) 400g
베이킹파우더 1ts
꿀 2Ts
생크림 100ml
우유 100ml
달걀 1개
팥배기 70g
완두배기 70g
호두 50g

1 찹쌀가루와 베이킹파우더를 곱게 체에 내린 다음, 호두를 잘게 썰어 넣고 섞어요.

2 팥배기와 완두배기를 넣고 고루 섞어요.

3 다른 볼에 달걀을 거품기로 푼 뒤 생크림과 우유, 꿀을 넣고 잘 섞어요.

4 ②에 ③를 붓고 뭉치지 않도록 주걱으로 섞어요.

분리형 틀인 경우 틀 바깥을 쿠킹포일로 감싸요

5 테플론 시트를 깐 틀 안에 반죽을 80% 정도까지 부어요. 오븐팬에 물을 약간 채우고 170℃로 예열한 오븐에서 중탕으로 40~50분가량 구워요.

6 틀째 완전히 식힌 뒤 꺼내요.

빵순이들의 예리한 질문

Q 마트에서 파는 찹쌀가루를 사용하면 안 되나요?
A 마트에서 파는 것과 방앗간에서 파는 찹쌀가루는 수분 함량이 달라요. 찹쌀 케이크를 만들 때는 번거롭더라도 방앗간에서 파는 찹쌀가루나 베이킹이나 떡 관련 전문 쇼핑몰에서 판매하는 '습식' 찹쌀가루를 사용하세요.

Q 팥배기와 완두배기는 어디에서 구하나요?
A 요즘엔 팥배기나 완두배기 같은 것도 제과제빵 쇼핑몰에서 쉽게 구입할 수 있어요.

sweet pumpkin chiffon cake

어여쁜 노란빛에 황홀한 맛

단호박 시폰 케이크

잘 익은 단호박은 그냥 쪄서 먹어도 맛있죠. 카로틴을 비롯해 비타민과 철분, 칼슘, 미네랄 등 많은 영양소가 들어 있어 아이들이나 체질이 약한 사람에게 좋다고 해요. 저는 잘 붓는 편이라 단호박을 즐겨 먹는데, 시폰 케이크에 응용해보면 어떨까 싶었어요. 생각보다 맛도 좋고, 색도 고운 시폰 케이크가 나왔답니다.

재료

(지름 15cm 시폰케이크틀 1개)

박력분 65g
전분 10g
달걀(노른자, 흰자 분리) 3개
설탕 70g
단호박 퓌레 100g
올리브유 30g
우유 30g

단호박은 미리 깨끗이 씻어 껍질과 씨를 제거해요.

단호박의 수분 양에 따라 물의 양이 달라지는데, 가능하면 물을 넣지 마세요. 너무 떡떡할 때만 물을 1TS 정도 넣고 갈아요.

1 단호박은 적당한 크기로 잘라 물을 뿌리고 랩을 씌워 전자레인지에서 7분 정도 익혀요.

2 단호박을 믹서에 넣고 곱게 갈아 단호박 퓌레를 만들어요.

3 볼에 달걀노른자 3개를 넣고 거품기로 고루 풀고 설탕 30g을 넣고 잘 녹도록 거품기로 섞어요.

4 ②의 단호박을 넣고 거품기로 잘 섞어요.

머랭은 다른 볼에 달걀흰자에 설탕 40g을 넣고 28쪽을 참고해 미리 단단하게 휘핑해 둬요.

5 우유를 넣고 섞다가 올리브유를 넣고 거품기로 잘 섞어요.

6 미리 휘핑해 둔 단단한 머랭은 3분의 1 정도만 덜어서 ⑤에 넣고 살살 섞어요.

7 체 친 박력분과 전분을 넣고 주걱으로 살살 섞어요.

8 다시 머랭을 3분의 1 섞고 박력분을 섞고, 나머지 머랭을 섞고, 박력분을 섞는 과정을 반복해서 매끄러운 반죽을 만들어요.

9 반죽을 케이크틀에 80% 정도 채우고 160℃로 예열한 오븐에서 30~40분가량 구워요.

10 다 구워지면 오븐에서 꺼내는 즉시 거꾸로 세워 실온에서 완전히 식혀요.

11 완전히 식으면 손을 이용해 틀에서 시폰 케이크를 꺼내요.

가볍고 부드러운 맛
밀크 시폰 케이크

시폰 케이크은 프랑스의 시폰chiffon에서 왔는데, 가볍고 얇은 견직물을 뜻해요. 그만큼 가볍고 부드러운 맛이 특징이죠. 버터나 밀가루의 부담도 적어서 즐겨 먹는답니다. 구워서 냉장고에 차갑게 만든 뒤 드세요. 그래야 시폰 케이크의 맛을 제대로 즐길 수 있어요.

재료

(지름 15cm 시폰케이크틀 1개)

박력분 60g
분유 10g
전분 10g
설탕 75g
달걀노른자 3개분
달걀흰자 3개분
우유 50ml
식물성 오일 50ml

1 달걀노른자에 설탕 3분의 1을 넣고 섞다가 우유와 오일 순으로 넣고 잘 섞어요.

2 여기에 체 친 박력분과 분유, 전분을 넣고 고루 섞어요.

3 다른 볼에 달걀흰자와 나머지 설탕을 넣고 핸드믹서로 단단한 머랭을 만들어요.

4 머랭의 3분의 1을 덜어 ②에 넣고 주걱으로 섞어요.

5 나머지 머랭을 두 번에 나눠 넣으면서 거품이 꺼지지 않도록 주걱으로 살살 섞어요.

6 케이크틀에 반죽을 80% 정도 담고 160℃의 오븐에서 30~40분가량 구워요.

7 다 구워지면 거꾸로 세워서 식혀야 틀에서 빼내기 쉬워요.

8 완전히 식으면 틀에서 빼요. 잘 빠지지 않으면 냉장실에 1~2시간 두어 차게 만든 다음 틀에서 빼요.

생크림이나 시럽을 곁들여 먹어요.

시폰 케이크에 생크림을 바르면 멋진 케이크가 완성되지만 선물하는 게 아니라 집에서 만들어 먹으려면 사실 번거로운 작업이에요. 이때 시폰 케이크를 한 조각씩 잘라 생크림이나 아이스크림, 시럽 등을 곁들이면 간편하게 먹을 수 있어요.

빵순이들의 예리한 질문

Q 시폰 케이크는 틀에서 어떻게 꺼내나요?

A 보통 스패튤러나 칼을 이용하는데, 그럴 경우 케이크가 망가질 수 있어요. 사진처럼 한 손으로 틀을 잡고 한 손으로 조심해서 떼어내세요.

우리 사랑처럼 부드러운
고구마 케이크

생크림 케이크도 좋지만 가끔은 당근 케이크나 고구마 케이크처럼 크림보다 다른 재료가 듬뿍 들어간 케이크가 먹고 싶을 때가 있어요. 한 끼 식사로도 든든할 것 같고 몸에도 좋을 것 같거든요. 시중에 판매하는 제품은 고구마는 적게 들어가고 케이크 시트만 많아서 늘 아쉬웠지요. 이제는 고구마가 꽉 찬 진정한 고구마 케이크를 만들어 먹는답니다.

재료(15cm 무스틀 1개)

제누아즈
박력분 60g
달걀 100g(약 3개)
설탕 65g
무염버터 10g
우유 10g

고구마 크림
고구마 450g
버터 15g
꿀 20g
생크림 100g

커스터드 크림
우유 200ml
달걀노른자 2개분
설탕 40g
박력분 10g
전분 10g
버터 12g

장식용
생크림 150g
설탕 15g

시럽
설탕 25g
물 50ml

제누아즈

볼을 중탕으로 데워 설탕을 녹이면 좋아요.

핸드믹서를 들어보았을 때 5초 이상 반죽의 형태가 남아 있어야 해요.

1 볼에 달걀을 풀고 설탕을 넣어 설탕이 녹을 때까지 거품기로 잘 저어요.

2 핸드믹서를 이용해서 3배 이상 거품이 나도록 5분 이상 휘핑해요.

3 여기에 체 친 박력분을 넣고 주 걱으로 뒤집듯이 섞어요.

4 버터는 전자레인지에 녹여 우유 와 섞은 뒤 반죽의 일부를 덜어 넣고 잘 섞어요. 덜어낸 반죽이 버터와 잘 섞이면 다시 반죽에 넣고 재빨리 섞어요.

5 팬에 유산지나 테플론 시트를 깔고 반죽을 80% 정도까지 담 고 170℃로 예열한 오븐에서 25~30분가량 구워요.

6 다 구워지면 오븐에서 꺼내 틀 에서 바로 꺼내 식힘망에서 식 혀요. 완전히 식으면 1.5cm 두 께로 잘라요.

시럽 만들기

고구마 크림

7 시럽은 냄비에 설탕 25g과 물 50ml를 넣고 설탕이 녹도록 끓인 뒤 식혀서 사용해요.

8 틀 아래쪽에 비닐랩을 단단하게 깔고 ⑥의 시트 중 가장 깨끗하고 예쁜 걸 골라 끼운 뒤 솔로 ⑦의 시럽을 발라요.

9 나머지 제누아즈는 색이 진하게 난 맨 위의 것을 제외하고 노란색 부분만 들어가도록 체에 내려 고운 가루 상태로 준비해요.

너무 곱게 으깨지 말고 약간 씹히도록 으깨야 맛있어요.

커스터드 크림 만들기는 30쪽 참고

10 고구마는 깨끗이 씻어 냄비에 찌거나 오븐 철판에 물을 약간 붓고 200℃로 예열한 오븐에서 40~50분가량 쪄요.

11 고구마는 뜨거울 때 껍질을 벗기고 으깬 뒤 버터와 꿀을 넣고 주걱으로 잘 섞어요.

12 ⑪에 커스터드 크림을 넣고 주걱으로 고루 섞어요.

완성

13 약간 단단하게 휘핑한 생크림을 넣고 주걱으로 잘 섞어요.

14 ⑧의 시트를 끼운 케이크틀에 ⑬의 고구마 크림을 가득 채우고 윗면을 평평하게 정리해요.

15 윗면에도 비닐랩을 씌운 뒤 냉동실에서 3시간 이상 굳혀요.

16 냉동실에서 고구마 케이크를 꺼내 생크림과 설탕을 핸드믹서로 단단하게 휘핑해서 표면에 발라요.

17 ⑨의 케이크 가루를 표면에 듬뿍 바르듯이 붙여요.

18 윗면에 남은 생크림으로 장식하고 아몬드 슬라이스를 꽂으면 완성이에요.

PARANDAL TIP

남은 생크림으로 리코타 치즈 만들기

생크림이 들어간 빵이나 케이크를 만들다 보면 생크림이 많이 남을 때가 있어요. 그대로 두자니 생크림의 유통기한이 짧아 오래 보관하기 힘들 때 생크림을 이용해 리코타 치즈를 만들어보세요. 저는 고소하고 맛있어서 샐러드에 자주 넣어 먹어요.

재료 우유 1L, 생크림 500ml, 레몬즙 4Ts, 소금 1ts
(생크림이 더 적게 남았으면 우유와 생크림의 비율을 2:1로 맞추세요)

1 냄비에 우유와 생크림, 소금을 담고 약한 불에서 거품이 보글보글 올라올 정도로 끓여요. 레몬즙 4Ts을 넣고 약한 불에서 끓여요. 이때 젓지 마세요.

2 순두부처럼 몽글몽글 덩어리가 생기고, 물이 분리되는게 보이면 불을 끄고 식힌 뒤 체에 면포를 깔고 걸러요. 물기를 잘 거른 뒤 실이나 끈으로 꼭 묶으세요.

3 ②를 체에 받치거나 접시에 키친타월을 여러 겹 깐 뒤 그 위에 놓고 냉장고에서 5시간가량 굳히면 리코타 치즈가 완성됩니다.

raspberry cupcake

핑크빛 설렘이 가득
라즈베리 컵케이크

좋아하는 누군가를 위해 케이크를 만드는 시간은 두근두 근 설레임의 시간이지요. "네가 오후 네 시에 온다면, 난 세 시부터 행복해지기 시작할거야." 〈어린왕자〉 속 사막여 우의 설렘처럼 사랑하는 사람을 위해 준비해보세요.

재료(약 5개)

컵케이크 시트
무염버터A 70g
설탕 80g
달걀 1개
박력분 90g
아몬드가루 10g
베이킹파우더 2g
우유A 40g
라즈베리 퓌레A 30g

라즈베리 버터크림
무염버터B 150g
슈거파우더 45g
우유B 15g
라즈베리 퓌레B 25g

장식
스프링클 약간

1 실온의 무염버터A를 덩어리 없이 풀고 설탕을 넣고 섞어요.

2 여기에 달걀을 풀어 두세 번에 나눠 넣고 섞어요.

3 체 친 박력분과 아몬드가루, 베이킹 파우더를 넣고 주걱으로 자르듯이 섞어요.

4 여기에 우유A와 라즈베리 퓌레A를 넣고 잘 섞어요.

시트가 완전히 식지 않으면 크림을 발랐을 때 크림이 녹을 수 있으니 주의하세요.

5 케이크틀에 반죽을 70% 정도 담고 180℃에서 25분가량 구워요.

6 구운 시트를 완전히 식혀요.

7 실온의 무염버터B를 부드럽게 풀고 체 친 슈거파우더를 넣고 덩어리 없이 섞어요.

8 여기에 우유B와 라즈베리 퓌레B를 조금씩 넣어가며 섞어요.

9 분리되지 않고 보송보송한 크림이
되도록 거품기로 잘 섞어요.

10 별 깍지를 끼운 짤주머니에 ⑨의 크
림을 담아요.

11 완전히 식은 시트 위에 크림을 돌
려가며 짜고 스프링클로 장식해요.

PARANDAL TIP

라즈베리 퓌레는 제과제빵 쇼핑몰에서 구입할 수 있어요. 프랑스의 브와
롱·Boiron 제품이 맛도 좋아요.

참을 수 없는 유혹
레드벨벳 컵케이크

레드벨벳 케이크는 오래전, 코코아 반죽이 베이킹소다나
버터밀크와 만나면서 화학반응을 일으켜 반죽이 붉게 된
데서 유래했다고 해요. 우연히 만들어낸 강렬한 그 빛깔을
즐겨볼까요?

재료(약 5개)

컵케이크 시트
무염버터A 70g
설탕 80g
달걀 1개
사워크림 55g
우유 35g
박력분 88g
코코아파우더 12g
베이킹파우더 1/2ts
식용색소(레드) 적당량

크림치즈 아이싱
크림치즈 140g
무염버터B 70g
슈거파우더 55g
레몬즙 1ts

컵케이크 시트

1 실온의 무염버터A를 덩어리 없이 풀고 설탕을 넣은 뒤 거품기로 섞어요.

2 달걀을 푼 것을 조금씩 넣어가며 잘 섞어요.

3 여기에 사워크림과 우유를 넣고 거품기로 잘 섞어요.

4 체 친 박력분과 코코아파우더, 베이킹파우더를 넣고 주걱으로 고루 섞어요.

5 색이 진해지는 정도를 보면서 식용색소를 조금씩 넣어요.

6 머핀틀에 머핀용 유산지를 깔고 반죽을 70% 정도 담아요.

7 180℃의 오븐에서 20~25분가량 구운 뒤 완전히 식혀요.

크림치즈 아이싱

8 볼에 크림치즈를 넣고 거품기로 덩
   어리 없이 풀어요.

9 여기에 실온의 부드러운 무염버터B
   를 넣고 잘 섞어요.

10 체 친 슈거파우더를 넣고 섞다가
    레몬즙을 넣고 잘 섞어요.

11 완전히 식은 ⑦의 시트에 크림치
    즈 아이싱을 발라요.

vanilla cupcake

널 위해 준비했어!

바닐라 컵케이크

한 손에 들고 먹기 좋은 컵케이크는 친구들 모임에 들고
가면 인기예요. 사랑스러운 모양도 포토제닉감이지요. 예
쁜 베리로 장식한, 바닐라 향이 입 안 가득 퍼지는 부드러
운 컵케이크를 만들어보세요.

재료(약 6개)

컵케이크 시트

무염버터 95g

설탕A 105g

달걀 2개

박력분 145g

전분 15g

베이킹파우더 1ts

우유 60g

바닐라빈 1/4개

생크림 아이싱

생크림 100g

설탕B 10g

장식용

딸기 약간

산딸기 약간

블루베리 약간

컵케이크

1 바닐라빈을 반으로 갈라 칼등으로 씨를 긁어내요.

2 냄비에 우유를 담고 ①의 바닐라빈을 넣고 살짝 데운 뒤 완전히 식혀요.

3 볼에 실온의 무염버터를 담고 멍울 없이 섞은 뒤 설탕A를 넣고 고루 섞어요.

4 달걀을 풀어 ③에 서너 번에 나눠가며 넣고 섞어요.

5 체 친 박력분과 전분, 베이킹파우더를 넣고 주걱으로 자르듯이 섞어요.

6 여기에 ②의 바닐라빈이 들어간 우유를 넣고 섞어요.

7 컵케이크틀에 반죽을 70% 정도 채우고 170℃로 예열한 오븐에서 23~25분가량 구워요.

생크림 아이싱

8 생크림은 설탕을 넣고 단단하게 휘핑해요.

완성

시트가 완전히 식어야 크림이 녹지 않아요.

9 ⑧의 크림을 짤주머니에 담아 시트 위에 짜고 딸기와 산딸기 등으로 장식해요.

221

예쁜 도트옷을 입은
스트로베리 롤케이크

롤케이크에 귀여운 핑크색 도트를 땡땡땡 넣어봤어요. 귀여운 모양 때문에 더 눈길이 가는 롤케이크에요. 롤을 말 때 너무 꼭꼭 누르면 윗면이 갈라지기 쉬우니 둥근 모양이 유지되도록 가볍게 말아서 완성하세요.

재료(30×20cm 오븐팬)

무늬 반죽
무염버터A 15g
슈거파우더 15g
달걀흰자 15g
박력분A 13g
딸기가루 3g

롤케이크 시트
달걀 3개
설탕A 110g
박력분B 90g
물엿 15g
무염버터B 20g

필링
생크림 150g
설탕B 15g
딸기 10~12개

무늬 반죽

1 실온의 부드러운 무염버터A에 슈거 파우더와 달걀흰자를 넣고 잘 섞어요.

2 여기에 체 친 박력분A와 딸기가루 를 넣고 고루 섞어요.

3 반죽을 짤주머니에 담아 시트 위에 방울 모양으로 짠 뒤 약간 말려요.

시트

4 달걀에 물엿과 설탕A를 조금씩 넣 어가며 핸드믹서로 휘핑해요.

핸드믹서를 들어올렸을 때 반죽이 5초 이상 형태를 유지하는 정도가 적당해요.

5 반죽이 뽀얗게 3배 이상 부풀도록 휘 핑해요.

6 여기에 체 친 박력분B를 넣고 섞다 가 녹인 무염버터B를 넣고 거품이 꺼지지 않도록 재빨리 섞어요.

7 반죽이 완성되면 ③ 위에 조심스럽게 부어요.

8 윗면을 스크래퍼로 평평하게 정리해요.

9 180℃에서 12분가량 구운 뒤 시트를 꺼내 식혀요.

10 생크림은 설탕B를 넣고 핸드믹서를 이용해 단단하게 휘핑해요.

11 시트에 ⑩의 크림을 바르고 딸기를 잘라 올린 뒤 한쪽 끝에서 돌돌 말아요.

12 말아놓은 롤케이크는 냉장고에서 1시간가량 굳힌 뒤 먹기 좋게 잘라요.

mocha roll cake

커피의 쓴맛이 살포시 숨어있는
모카 롤케이크

어릴 때 엄마 몰래 마셨던 커피 한 모금. 그 쓴맛에 놀란
게 엊그제 같은데 어느덧 커피를 즐기는 나이가 되었어
요. 이제 인생의 쓴맛도 커피의 쓴맛도 즐기게 되었네요.

재료(30×20cm 오븐팬)

모카 크림
생크림A 50g
설탕A 15g
인스턴트커피 1Ts
생크림B 100g

모카 롤케이크 시트
달걀 3개
설탕B 65g
박력분 50g
코코아파우더 8g
에스프레소 20ml
녹인 버터 15g

1 냄비에 생크림A와 설탕A를 살짝 끓여서 인스턴트커피를 넣고 섞어요.

2 ①의 내용물을 볼에 담아 식히고 생크림B를 넣고 섞어요.

3 혼합된 크림이 차가워지도록 볼에 랩을 씌워 냉장고에 1시간가량 넣어 둬요.

4 볼에 달걀을 넣고 거품을 낸 뒤 설탕B를 조금씩 넣어가며 단단하게 거품을 내요.

5 핸드믹서를 들어보았을 때 떨어진 반죽이 금방 사라지지 않을 정도가 적당해요.

6 여기에 체 친 박력분과 코코아파우더를 넣고 빠르게 섞어요.

에스프레소 대신 물 1Ts, 인스턴트커피 1Ts을 섞어 넣어도 좋아요.

7 여기에 녹인 버터와 에스프레소를 섞어 붓고 빠르게 섞어요.

8 완성된 반죽을 오븐팬에 붓고 스크래퍼를 이용해서 윗면을 평평하게 정리해요.

9 180℃로 예열한 오븐에서 12분가량 구운 뒤 완전히 식혀요.

완성

10 ③의 크림을 꺼내 핸드믹서로 단 단하게 휘핑해요.

11 시트는 구워진 면이 안으로 가게 한 뒤 ⑩의 크림을 바르고 끝에서 부터 돌돌 말아요.

12 1시간 정도 냉장고에 두었다가 꺼 내 먹기 좋게 잘라요.

green tea adzuki beans roll cake

녹차와 팥, 롤케이크의 삼자대면
녹차 팥 롤케이크

녹차와 팥을 좋아하는 사람이라면 누구나 좋아할 만한 녹
차 팥 롤케이크예요. 윗면이 올록볼록한 샤를로트 스타일
로 완성해서 특별한 장식이 없어도 예쁜 롤케이크랍니다.

재료(30×20cm 오븐팬)

녹차 롤케이크 시트
달걀흰자 80g
설탕A 40g
달걀노른자 55g
설탕B 40g
박력분 70g
녹차가루 4g

롤케이크 크림
생크림 150g
설탕 15g
팥배기 50g
완두배기 50g
슈거파우더 적당량

롤케이크 시트

1 달걀흰자에 설탕A를 조금씩 넣어가 며 단단하게 휘핑해서 머랭을 만들 어요(28쪽 참고).

2 다른 볼에 달걀노른자와 설탕B를 넣 고 밝은 크림색이 되도록 잘 섞어요.

3 ②에 ①의 머랭을 3분의 1가량 덜어 넣고 섞어요.

4 여기에 채 친 박력분과 녹차가루의 2분의 1을 덜어 넣고 주걱으로 섞 어요

5 나머지 머랭의 3분의 1 정도, 박력분 과 녹차가루의 2분의 1 정도, 남은 머랭의 3분의 1 순으로 넣어가며 빠 르게 섞어요.

6 반죽은 1cm 원형 깍지를 낀 짤주머 니에 담아요.

7 오븐팬에 유산지나 테플론 시트를 깔 고 ⑥의 반죽을 사선으로 길게 짜요.

8 슈거파우더를 가볍게 뿌리고 180℃ 의 오븐에서 12분가량 구워요.

롤케이크 크림

9 생크림과 설탕은 핸드믹서를 이용
해 단단하게 휘핑해요.

완성

10 시트가 완전히 식으면 단단하게
휘핑한 ⑨의 크림을 발라요.

11 위에 팥배기와 완두배기를 뿌리고
끝에서부터 돌돌 말아요.

12 완성된 롤케이크는 유산지에 싸서
냉장고에 1시간가량 굳히세요.

pumpkin cheese cake

색이 고와 더 먹고 싶은
단호박 치즈 케이크

식이섬유도 풍부하고 색깔도 고운 단호박으로 특별한 치
즈 케이크를 만들어보세요. 느끼한 치즈 케이크를 싫어하
는 어르신들께 선물하기 좋아요.

재료(18cm 원형틀 1개)

바닥 쿠키
통밀 쿠키 80g
무염버터 30g
호두 다진 것 15g

치즈 필링
크림치즈 250g
설탕 70g
달걀 2개
단호박(삶아서 으깬 것)
150g
사워크림 70g
생크림 150g
레몬즙 3g
옥수수 전분(또는 감자 전
분) 25g

1 단호박은 찌거나 전자레인지에 익혀 껍질과 씨를 제거하고 속만 으깨요.

바닥 쿠키

시중에 판매하는 다이제스티브 같은 통밀 쿠키를 사용하세요.

2 통밀 쿠키는 밀대를 이용해 곱게 부숴요.

3 ②의 쿠키와 실온의 무염버터, 호두를 모두 비닐 안에 넣고 손으로 부비듯 섞어요.

바닥이 빠지는 분리형 틀을 사용한다면 사진처럼 바닥을 쿠킹포일로 감싸줘요.

4 케이크틀에 테플론 시트를 깔고 ③의 쿠키를 넣고 평평하게 되도록 꼭꼭 눌러요.

치즈 필링

5 부드러운 크림치즈에 설탕을 넣고 덩어리가 없도록 섞어요.

6 여기에 풀어놓은 달걀을 서너 번에 나눠서 넣으며 섞어요.

7 달걀을 모두 넣은 뒤 ①의 단호박을 넣고 섞어요.

사워크림 대신 플레인 요거트를 넣어도 좋아요.

8 여기에 사워크림과 생크림을 조금씩 넣어가며 섞어요.

완성

9   체 친 옥수수 전분과 레몬즙을 넣고
     섞어요.

10   완성된 반죽을 틀의 80% 정도까
      지 조심스럽게 부어요.

11   오븐팬에 케이크틀을 넣고 물을 3
      분의 1 정도 붓고 180℃의 오븐에
      서 15분, 150~160℃에서 50분가
      량 구워요.

포장 아이디어

케이크 조각을 포장할 때 케이크 박스에만 넣으란 법이
있나요? 조각조각 포장해 파운드케이크 박스에 넣으면
전문 숍에도 없는 독특하고 멋스러운 포장이 완성되어요.
포크나 스푼을 함께 넣어주는 센스는 필수랍니다.

cookie chou

귀엽고 앙증맞은
쿠키 슈

미니 소보로처럼 생긴 귀여운 쿠키 슈가 오늘의 주인공
입니다. 바삭한 껍질을 깨물면 입안이 부드러운 커스터드
크림으로 가득해요.

재료(15~16개)

쿠키 반죽

무염버터A 40g

설탕A 40g

박력분A 40g

아몬드가루 25g

슈 반죽

우유A 60g

물 60g

소금 2g

설탕B 5g

무염버터B 50g

중력분 70g

달걀 3개

커스터드 크림

우유B 250g

바닐라빈 1/2개

설탕C 60g

달걀노른자 60g

박력분B 12g

전분 10g

무염버터C 23g

생크림 100g

달걀물 약간

쿠키 반죽

1 실온의 무염버터A를 멍울 없이 풀고 설탕A를 넣고 잘 섞어요.

2 ①에 체 친 박력분A와 아몬드가루를 넣고 주걱으로 자르듯 섞어요.

3 한 덩어리가 된 반죽을 비닐백에 담아 얇게 밀어서 냉장고에 30분가량 넣어둬요.

4 반죽을 냉장고에서 꺼내 원형 커터로 잘라낸 뒤 다시 냉장고에 넣어 10분가량 휴지시켜요.

슈 반죽

5 냄비에 우유A와 물, 소금, 설탕B, 무염버터B를 넣고 끓여요. 끓으면 불을 끄고 중력분을 넣은 뒤 재빨리 섞어요.

6 다시 약불로 가열하면서 냄비 바닥에 막이 생길 정도로 반죽을 한참 볶아요.

7 볼에 옮겨 담고 한 김 식혀요.

8 여기에 멍울 없이 푼 달걀을 조금씩 나눠 넣으면서 주걱으로 섞어요.

깍지는 1cm 또는 1.2cm 정도가 적당해요.

9 반죽을 들어올렸을 때 삼각형으로 떨어지는 농도면 좋아요.

10 반죽을 깍지 낀 짤주머니에 옮겨 담아요.

11 반죽을 오븐팬에 균일하고 둥글게 짜고 윗면에 달걀물을 발라요.

커스터드 크림 만드는 방법은 30쪽을 참고하세요.

12 냉장고에 넣어두었던 쿠키 반죽을 꺼내 슈 반죽 위에 얹어요.

13 180℃의 오븐에서 20분, 160℃에서 10~15분가량 구워요.

14 커스터드 크림은 만들어서 냉장고에 차게 식혀요.

15 핸드믹서를 이용해 생크림은 단단하게 휘핑해요.

16 커스터드 크림에 ⑮의 생크림을 나눠 넣고 거품기로 잘 섞어요.

17 구워진 슈 뒷면에 구멍을 뚫고 완성된 크림을 짤주머니에 담아서 넣어요.

PARANDAL TIP
슈는 구워졌을 때 반을 잘라서 단면을 확인하세요. 가운데가 비어 있어야 제대로 만들어진 것이니 반드시 확인하세요.

chocolate éclair

번개처럼 강렬한 맛
초콜릿 에클레어

프랑스어로 '번개'를 뜻하는 에클레어는 이름처럼 테이블
에서 순식간에 사라지는 신기한 경험을 할 수 있어요. 제
가 가장 편애하는 메뉴랍니다.

재료(6~7개)

초콜릿 커스터드 크림
우유A 250g
바닐라빈 1/2개
설탕A 60g
달걀노른자 60g
박력분 12g
전분 10g
무염버터A 23g
다크 초콜릿A 80g

슈
우유B 60g
물 60g
소금 2g
설탕B 5g
무염버터B 50g
밀가루 70g
달걀 약 3개

초콜릿 글레이즈
생크림 50g
다크 초콜릿B 150g
물엿 2ts

초콜릿 커스터드 크림

1 바닐라빈은 반으로 갈라 칼등으로 바닐라빈을 긁어놓아요.

2 냄비에 우유A와 ①의 바닐라빈을 넣고 살짝 끓인 다음 식으면 바닐라빈 껍질을 건져내요.

3 볼에 달걀노른자의 멍울을 풀고 설탕A를 넣고 잘 섞어요.

4 여기에 체 친 박력분과 전분을 넣고 잘 섞어요.

5 ④에 ②의 끓인 우유를 부은 뒤 거품기로 잘 섞어요.

6 ⑤를 다시 냄비에 옮겨 담아요.

7 약한 불에서 거품기로 저어가며 걸쭉해지도록 끓여요.

8 농도가 걸쭉해지면 불에서 내린 뒤 실온의 부드러운 무염버터A를 넣고 섞어요.

9 ⑧에 녹인 다크 초콜릿A을 넣고 섞은 뒤 랩을 씌워서 완전히 식혀요.

10 슈는 235~236쪽 쿠키 슈 만들기 ①~⑨를 참고해 반죽해요.

11 깍지를 끼운 짤주머니에 ⑩의 반죽을 넣어요.

12 오븐팬에 슈 반죽을 12cm 길이로 짠 뒤 달걀물을 윗면에 발라요.

13 180℃의 오븐에서 20분, 160℃에서 10~15분가량 구워서 식혀요.

14 슈에 구멍을 두 개 뚫고 초콜릿 커스터드 크림을 짜 넣어요.

초콜릿 글레이즈

15 다크 초콜릿B는 중탕이나 전자레인지를 이용해 녹여요.

16 생크림과 물엿을 함께 데우고 ⑮에 조금씩 넣어가며 매끈하게 섞어요.

17 초콜릿 커스터드 크림을 채운 에클레어에 초콜릿 글레이즈를 묻혀요.

PARANDAL TIP

에클레어는 길쭉해서 크림이 골고루 들어가기 어려워요. 단면을 잘랐을 때 크림이 꽉 채워져 있도록 꼼꼼하게 잘 넣는 것이 중요하답니다.

souffle cheese cake

카스텔라처럼 폭신폭신 부드러운
수플레 치즈 케이크

뉴욕 치즈 케이크와 달리 수플레 치즈케이크는 머랭을 만들어 넣는 게 포인트에요. 치즈 맛이 연하게 느껴지고 부드러워서 아이들도 아주 좋아한답니다.

재료(15cm 원형틀 1개)

머랭
달걀흰자 50g
설탕 25g

치즈 크림
크림치즈 200g
설탕 20g
달걀노른자 30g
생크림 70g
우유 25g
옥수수 전분(또는
감자 전분) 20g
레몬즙 1ts

제누아즈
달걀 100g
무염버터 10g
설탕 68g
우유 10g
박력분 58g

제누아즈 굽기는 269쪽을 참고하세요. 굽는 게 번거롭다면 바닥 쿠키(197쪽 참고)를 사용하세요.

1 팬에 유산지나 테플론 시트를 깔고 1cm 두께의 제누아즈를 1장 넣어요.

머랭

2 깨끗한 볼에 달걀흰자를 넣어요.

3 여기에 설탕을 조금씩 넣어가며 단단하게 휘핑해요.

4 핸드믹서의 끝이 단단하게 올라오면 머랭이 완성된 거예요.

5 볼에 크림치즈를 넣고 덩어리가 없도록 잘 풀어요.

크림치즈

6 여기에 설탕과 달걀노른자를 넣고 잘 섞어요.

7 생크림과 우유를 넣고 매끄럽게 되도록 잘 섞어요.

8 체 친 전분과 레몬즙을 넣고 고루 섞어요.

9 여기에 ④의 머랭을 두 번에 나눠 넣어가며 거품이 꺼지지 않도록 잘 섞어요.

10 ①의 팬에 ⑨를 붓고 위를 평평하게 만들어요.

11 오븐팬에 뜨거운 물을 붓고 160℃의 오븐에서 35~40분간 구워요.

빵순이들의 예리한 질문

Q 치즈 케이크를 아무리 오래 구워도 익지 않은 것 같아요.

A 치즈 케이크는 막 구웠을 때 가운데가 푸딩처럼 약간 흔들리기도 해요. 케이크틀째 완전히 식힌 뒤 냉장고에서 최소한 서너 시간은 굳혀야 단단한 치즈 케이크를 맛볼 수 있어요. 가능하면 하룻밤 정도 냉장고에서 숙성시켰다가 먹는 것이 좋아요.

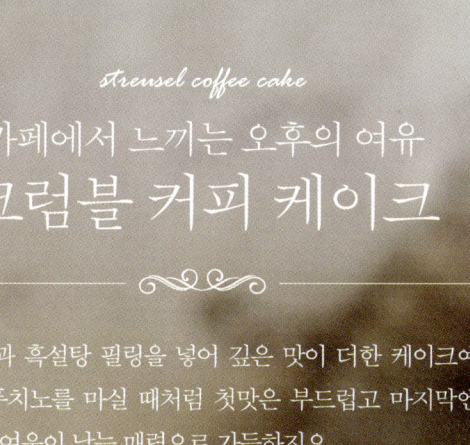

streusel coffee cake

카페에서 느끼는 오후의 여유
크럼블 커피 케이크

❦

시나몬과 흑설탕 필링을 넣어 깊은 맛이 더한 케이크예요. 카푸치노를 마실 때처럼 첫맛은 부드럽고 마지막엔 쌉쌀한 여운이 남는 매력으로 가득하지요.

재료(20cm 원형틀 1개)

필링
흑설탕 20g
시나몬가루A 5g
아몬드 슬라이스A 50g
무염버터A 20g

크럼블
박력분A 35g
아몬드가루 35g
시나몬파우더B 1g
설탕A 35g
무염버터B 35g
아몬드 슬라이스B 20g

커피 시트
무염버터C 90g
설탕B 115g
달걀 65g
달걀노른자 12g
박력분B 145g
베이킹파우더 1ts
에스프레소 15ml
소금 1/4ts
사워크림 140g

필링

1 볼에 흑설탕과 시나몬파우더A, 아몬드 슬라이스A, 무염버터A를 넣고 손으로 비비듯 섞어요.

크럼블

2 다른 볼에 박력분A와 아몬드가루, 시나몬파우더B는 체 치고 설탕A와 섞어 담아요.

3 여기에 차가운 무염버터B를 잘라 넣고 손으로 비비듯 섞어요.

4 어느 정도 섞이면 아몬드 슬라이스B를 넣고 부슬부슬한 느낌으로 잘 섞어요.

커피 시트

5 볼에 실온의 부드러운 무염버터C를 넣고 덩어리 없이 풀고 설탕B를 넣고 잘 섞어요.

6 여기에 달걀과 달걀노른자를 잘 섞어 서너 번에 나눠 넣고 섞어요.

에스프레소 대신
물 1TS와 인스턴트커피 1TS를
섞어서 넣어도 좋아요.

7 체 친 박력분B와 베이킹파우더, 소금을 넣고 섞다가 에스프레소를 넣고 섞어요.

8 중간에 사워크림을 넣어가며 반죽이 매끈해지도록 섞어요.

9 유산지를 깐 케이크틀에 ⑧의 반죽을 반쯤 채우고 ①의 필링을 넣어요.

10 그 위에 남은 반죽을 짤주머니나 스푼을 이용해 평평하게 되도록 넣어요.

11 위에 ④의 크럼블을 듬뿍 얹은 뒤 180℃의 오븐에서 30~35분가량 구워요.

chocolate chiffon cake

사랑을 시작하는 연인들을 위한
초콜릿 시폰 케이크

하트 모양의 케이크틀을 이용해 구운 초콜릿 시폰 케이크가 오늘의 주인공입니다. 밸런타인데이에 마음을 전하기 딱 좋은 케이크예요.

재료(지름 15cm
하트 모양틀 1개)

시폰 시트
달걀노른자 35g
설탕A 25g
식물성 오일 35g
물 35g
박력분 25g
코코아파우더 15g
다크 초콜릿 15g

머랭
달걀흰자 100g
설탕B 15g

장식
생크림 100g
설탕C 10g
딸기 약간
산딸기 약간
블루베리 약간
민트 약간

1 다크 초콜릿은 중탕이나 전자레인
지로 녹여요.

2 볼에 달걀노른자를 넣어 잘 풀고 설
탕A를 넣고 섞어요.

3 여기에 물과 식물성 오일을 넣고 거
품이 하얗게 생기도록 휘핑해요.

4 체 친 박력분과 코코아파우더를 넣
고 잘 섞어요.

5 여기에 ①의 녹인 다크 초콜릿을 넣
고 거품기로 잘 섞어요.

6 다른 볼에 달걀흰자를 풀고 핸드믹
서를 이용해 휘핑하다 설탕B를 나
눠 넣어가며 계속 휘핑해요.

7 핸드믹서를 들어올렸을 때 달라붙
은 거품이 뾰족할 때까지 단단한 머
랭을 만들어요.

시폰 시트 완성

8 ⑤의 반죽에 ⑦의 머랭을 3분의 1 정도 덜어 넣고 주걱으로 잘 섞어요. 남은 머랭도 두 번에 나눠 넣고 잘 섞어요.

9 ⑧의 섞어 놓은 반죽을 틀에 부어요.

10 170℃의 오븐에서 25~30분가량 구운 뒤 뒤집어서 완전히 식혀요.

11 시폰 케이트를 꺼낼 때는 손으로 살 살 조심해서 돌려가면서 빼내요.

장식

12 시폰 케이크 위에 생크림을 짜고 딸기, 민트, 산딸기, 블로베리 등으로 장식해요.

빵순이들의 예리한 질문

Q   케이크에는 어떤 오일을 넣으면 좋을까요?

A   올리브유는 종류에 따라 향이 강하기도 하니 포도씨유나 카놀라유가 무난해요.

earl grey chiffon cake

부드러운 맛의 진수
얼그레이 시폰 케이크

하늘하늘 바람결에 흔들리는 시폰처럼 가볍고 부드러운
케이크예요. 얼그레이 대신 자신이 선호하는 다른 홍차를
넣어도 좋아요. 따로 아이싱을 하지 않고 생크림을 곁들여
담아내면 훌륭한 디저트가 된답니다.

재료(15cm 구겔호프틀 1개)

시폰 시트
달걀노른자 35g
설탕A 25g
식물성 오일 30g
물 35g
박력분 45g
얼그레이 찻잎 5g

머랭
달걀흰자 100g
설탕B 25g

시폰 시트

1 얼그레이 찻잎은 믹서를 이용해 곱
게 갈아요.

2 볼에 달걀노른자를 넣어 잘 풀고 설
탕A를 넣고 잘 섞어요.

3 여기에 물과 식물성 오일을 넣고 하
얗게 거품이 생기도록 휘핑해요.

4 체 친 박력분과 ①의 갈아놓은 얼그
레이 찻잎가루를 넣고 잘 섞어요.

머랭

5 다른 볼에 달걀흰자를 풀고 핸드믹
서로 휘핑하다 설탕B를 나눠서 넣
어가며 계속 휘핑해요.

6 핸드믹서를 들어올렸을 때 달라붙
은 거품이 뾰족하게 되면 단단한 머
랭이 만들어진 거예요.

7 ④의 반죽에 ⑥의 머랭을 3분의 1 정도 덜어 넣고 주걱으로 잘 섞어요.

8 남은 머랭도 두 번에 나눠 넣고 거품이 꺼지지 않도록 주의하며 주걱으로 잘 섞어요.

9 구겔호프틀에 반죽을 붓고 젓가락을 이용해 큰 거품이 없도록 잘 섞어요.

10 170℃로 예열한 오븐에서 25~30 분가량 구운 뒤 뒤집어서 완전히 식혀요.

11 시폰 케이크를 꺼낼 때는 손으로 조심해서 돌려가면서 빼내요.

caramel cheese cake

하루키 소설을 떠올리게 하는
캐러멜 치즈 케이크

치즈 케이크를 볼 때면 엉뚱하게도 하루키의 '치즈케이크
모양을 한 나의 가난'이라는 단편 소설이 떠올라요. 치즈
케이크와 가난이라니 서로 어울리는 조합은 아니죠. 하지
만 마지막 책장을 덮을 때 그 뜻을 알았어요. 책 속의 치즈
케이크란 가난하지만 행복했던 시절에 '그와 그녀가 살던
삼각지대의 땅'을 의미하거든요. "우리들은 젊었고, 결혼한
지 얼마 지나지 않았으며 태양빛은 공짜였다." 책 속의 멋
진 문장을 떠올리며 달콤한 치즈 케이크를 만들어보세요.

재료(18cm 원형틀 1개)

바닥 쿠키
통밀쿠키(다이제스티브
비스킷) 90g
버터 30g

캐러멜 크림
설탕 100g
물 2Ts
생크림 150ml

치즈 반죽
크림치즈 250g
버터 30g
설탕 20g
플레인 요거트 100g
달걀 2개
전분 25g

1 작은 팬에 물 2Ts과 설탕 100g
을 담고 3~4분간 끓여요.

차가운 생크림이
들어가면 시럽이
굳기 쉬워요

2 색깔이 갈색으로 변하면 불을
약하게 줄이고 살짝 데운 생크
림을 조금씩 넣으면서 거품기로
빠르게 섞어요.

3 불을 끄고 거품기로 매끄럽게
잘 섞은 뒤 볼에 옮겨 담아 완전
히 식혀요.

4 통밀쿠키를 밀대로 곱게 부수고
실온의 부드러운 버터를 넣고
비벼서 섞어요.

5 틀에 유산지를 깔고 ④의 쿠키 반
죽을 넣은 뒤 꾹꾹 눌러 담아요.

6 실온에 둔 크림치즈와 버터를 핸
드믹서나 거품기로 부드럽게 풀
고 설탕을 넣어 충분히 섞어요.

7 여기에 플레인 요거트를 넣고 핸
드믹서나 거품기로 잘 섞어요.

8 달걀을 풀어 세 번에 나눠 넣고
잘 섞어요.

9 ③의 완전히 식은 캐러멜 크림을 넣고 거품기로 잘 저어요.

10 체 친 전분을 넣고 뭉칠 수 있으니 고루 섞어요.

11 섞다가 전분이나 크림치즈 덩어리가 있으면 체에 걸러요. 덩어리 없이 매끄럽다면 생략하세요.

완성

중간에 색이 너무 진해지는 것 같으면 쿠킹포일로 열이 타는 걸 방지하세요

12 쿠키 반죽을 깔아놓은 틀에 반죽을 80% 정도 넣어요. 오븐 팬에 물을 붓고 중탕으로 굽는데 180℃로 예열한 오븐에서 20분, 160℃로 온도를 낮추고 40분간 구워요.

PARANDAL TIP

내 손으로 만들어 먹는 캐러멜 크림

캐러멜 치즈 케이크에 들어가는 캐러멜 크림은 따로 만들어 팬케이크에 뿌려 먹거나 빵에 찍어 먹어도 맛있어요. 이때는 설탕의 양을 좀 늘려서 만들면 더 달콤해요. 설탕 100g＋물 2Ts＋생크림 100ml를 캐러멜 크림을 만드는 방법대로 만드세요.

빵순이들의 예리한 질문

Q 풍미를 제대로 느끼고 싶어요.
A 치즈 케이크는 반드시 만들어서 냉장고에 하루 정도 두었다가 드세요. 만들어서 바로 먹는 것보다 맛과 향이 좋아져요.

건강하게 즐기는
검은깨 치즈 케이크

몸에 좋은 검은깨를 넣어 만든 치즈 케이크랍니다. 비교적 질감이 단단하고 검은깨를 씹는 재미와 건강까지 생각한 기특한 케이크예요. 구운 케이크 위에는 생크림을 휘핑해서 얹고 단팥으로 장식하면 더 멋진 디저트로 완성할 수 있어요.

머랭
달걀흰자 50g
설탕A 25g

치즈 크림
크림치즈 180g
설탕B 25g
달걀노른자 30g
생크림 30g
우유 40g
옥수수 전분(또는
감자 전분) 20g
레몬즙 1ts
검은깨(빻은 것) 2Ts

1 검은깨는 빻거나 굵게 갈아요. 여기에 설탕A를 조금씩 넣어가며 휘핑해요.

2 깨끗한 볼에 달걀흰자를 넣어요.

3 여기에 설탕A를 조금씩 넣어가며 휘핑해요.

4 핸드믹서를 들어올렸을 때 거품이 뾰족하게 되면 단단해진 머랭이 만들어진 거예요.

5 볼에 크림치즈를 넣고 덩어리가 없도록 잘 풀고 설탕B를 넣고 섞어요.

6 여기에 달걀노른자를 넣고 잘 섞어요.

7 생크림과 우유를 넣고 매끄럽게 되도록 잘 섞어요.

8 여기에 전분과 레몬즙, 검은깨를 넣고 섞어요.

9 여기에 ④의 머랭을 3분의 1 정도 넣고 거품이 꺼지지 않도록 고루 섞어요.

10 남은 머랭도 두 번에 나눠 넣고 거품이 꺼지지 않도록 잘 섞어요.

11 머핀틀에 머핀용 유산지를 깔고 ⑩의 반죽을 80% 정도 채워요.

12 남은 빈 머핀구에는 물을 담아서 채운 반죽과 함께 180℃의 오븐에서 20분가량 구워요. 냉장고에 2~3시간 차갑게 숙성시켰다가 먹어요.

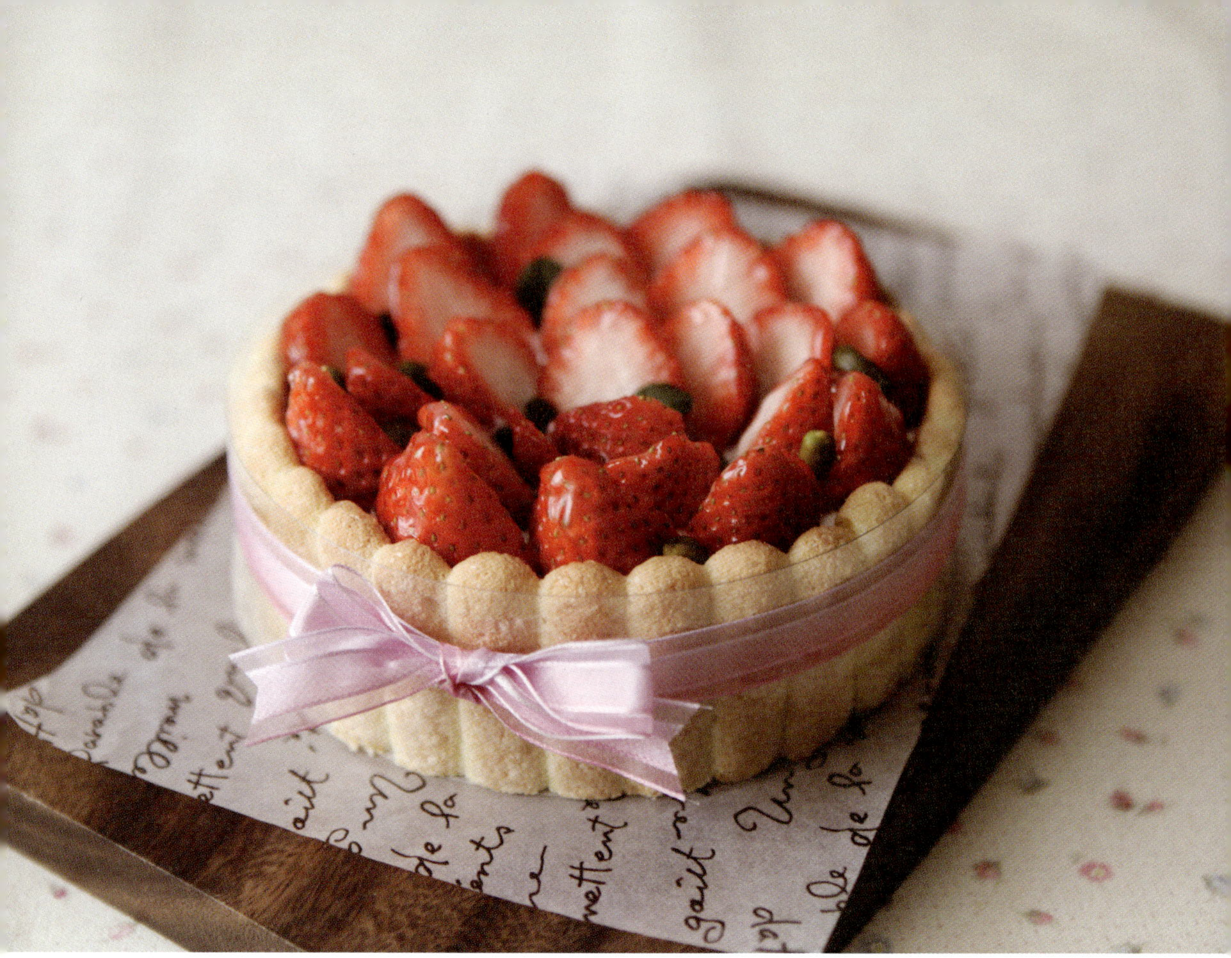

strawberry charlotte cake

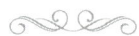

프랑스의 숙녀처럼

스트로베리 샤를로트 케이크

프랑스 여성들이 쓰는 모자인 샤를로트를 닮았다고 해서 샤를로트 케이크가 되었다고 해요. 가벼운 식감의 비스퀴에 부드러운 바닐라 크림과 상큼한 딸기가 무척 잘 어울려요.

재료(15cm 원형틀 1개)

시럽
설탕A 40g
물 80g
키르슈(생략 가능) 1Ts

바닐라 크림
생크림A 100g
물엿 28g
바닐라빈 1/2개
생크림B 180g

비스퀴 아 라 퀴에르
달걀흰자 3개분
달걀노른자 3개분
설탕B 95g
박력분 95g

장식
딸기 약간
피스타치오 약간
슈거파우더 약간

시럽

1 물과 설탕A를 섞어 끓인 뒤 완전히 식으면 키르슈를 섞어요.

바닐라 크림

2 바닐라빈은 반을 갈라 칼등으로 빈을 긁어요.

3 팬에 생크림A와 물엿, 바닐라빈을 넣고 살짝 데워요.

4 볼에 옮겨 담고 여기에 차가운 생크림B를 부은 다음 잘 섞어서 냉장고에 2시간가량 넣어둬요.

사용하기 전까지 냉장고에 넣어 두세요

5 시간이 지난 뒤 크림을 냉장고에서 꺼내 핸드믹서를 이용해 단단하게 휘핑해요.

비스퀴 아 라 퀴에르

6 볼에 달걀노른자를 넣어 풀고 밝은 크림색이 되도록 휘핑해요.

7 다른 볼에 달걀흰자를 넣고 휘핑하다가 설탕B를 넣어가며 단단하게 휘핑해요.

8 완성된 머랭을 들어보았을 때 끝이 뾰족한 상태를 유지해야 해요.

9 여기에 ⑥의 달걀노른자를 넣고 주걱으로 뒤집듯 가볍게 섞어요.

10 어느 정도 섞이면 체 친 박력분을 넣고 거품이 꺼지지 않도록 재빨리 섞어요.

11 반죽이 완성되면 1cm 원형 깍지를 낀 짤주머니에 담아요.

12 오븐팬에 유산지나 테플론 시트를 깔고 6cm 정도의 길이로 짜요.

13 팬이 크지 않을 경우 위아래로 모두 짠 뒤 슈거파우더를 뿌리고 180℃로 예열한 오븐에서 8~9분가량 구워요.

지름 15cm 정도 되도록 짜요

14 남은 반죽은 원형으로 빙글빙글 2개를 짜요. 슈거파우더를 뿌리고 180℃의 오븐에서 8~9분간 구워요.

15 통나무처럼 구워진 ⑬의 시트는 길이가 5cm 정도 되도록 균일하게 잘라요.

무스링을 이용해서 자르면 편리해요

16 구운 ⑭의 시트는 지름 13cm 정도의 크기로 잘라요.

완성

17 무스링 안에 무스띠를 넣어요.

18 통나무 모양으로 잘라둔 ⑮의 시트를 테두리에 잘 붙여요.

19 바닥에 원형으로 잘라둔 시트를 1장 넣어요.

20 ①의 시럽을 넉넉하게 발라요.

21 휘핑한 ⑤의 바닐라 크림을 발라요.

22 다시 중간 시트를 1장 넣고 시럽을 충분히 발라요.

23 남은 크림을 넣고 윗면은 미니 스패튤러나 스푼을 이용해 평평하게 정리해요.

24 딸기는 잘 씻어서 반으로 잘라요.

25 반으로 자른 딸기와 피스타치오를 올려 장식해요.

blueberry mousse cake

눈이 번쩍 뜨이는 맛!
블루베리 무스 케이크

무스케이크는 아직 우리나라 사람들에게 익숙하지 않지만 한 번 맛보면 계속 찾게 되는 메뉴예요. 블루베리의 상큼함이 매력적인 부드러운 케이크랍니다.

블루베리 퓌레

생 블루베리가 없다면 냉동 블루베리를 사용하세요

블루베리 무스

1 냄비에 블루베리와 설탕A를 넣고 끓인 뒤 믹서에 곱게 갈아서 식혀요.

2 젤라틴은 찬물에 담가 20분가량 불려요.

3 생크림은 핸드믹서를 이용해 약간 걸쭉한 느낌이 나도록 휘핑해요.

4 불린 젤라틴은 물기가 없이 꼭 짠 뒤 살짝 끓인 우유에 넣어 완전히 녹여요.

5 볼에 크림치즈를 넣고 덩어리 없이 풀고 설탕B를 넣고 휘핑해요.

6 여기에 ④의 젤라틴을 녹인 우유를 조금씩 넣어가며 휘핑해요.

이때 블루베리 퓌레는 완전히 식혀야 해요

7 여기에 생크림을 세 번에 나눠 넣어가며 거품기로 잘 섞어요.

8 레몬즙을 넣고 섞다가 ①의 블루베리 퓌레를 넣고 잘 섞어요.

무스 시트

시트를 굽는 상세한 방법은 283쪽을 참고하세요.

시럽

9 분량의 박력분과 코코아파우더, 설탕C, 달걀, 무염버터를 넣어 시트를 반죽한 다음, 구워요. 완전히 식힌 뒤 무스틀을 이용해 잘라요.

10 설탕D와 물을 넣고 끓여 시럽을 만들어서 촉촉하게 발라요.

완성

11 그 위에 블루베리 크림을 채운 뒤 스패튤러를 이용해서 윗면을 평평하게 만들어요.

12 케이크를 냉장고에서 3시간가량 굳힌 뒤 틀에서 꺼내고 원하는 크기로 잘라 생크림과 블루베리로 장식해요.

라즈베리와 치즈 무스는 천생연분!
라즈베리 치즈 무스 케이크

딸기보다 새콤하고 진한 맛의 라즈베리는 디저트에 자주
사용되는 과일이예요. 케이크나 음료수, 아이스크림, 와인,
잼 등 다양하게 활용되고 있지요. 하얀 치즈 무스와 붉은
라즈베리는 맛과 색, 모두 잘 어울린답니다.

재료(18cm 원형틀 1개)

쿠키 셸
통밀쿠키 150g
무염버터 60g

치즈 무스
크림치즈 200g
설탕A 30g
생크림 180g
달걀노른자 55g
설탕B 30g
판젤라틴 7g
라즈베리잼 2Ts

장식
라즈베리 약간
민트 잎 약간

쿠키 셸

1 통밀 쿠키는 비닐에 담아 밀대로 밀어 고운 가루 형태가 되도록 준비해요.

2 쿠키 가루에 실온의 버터를 넣고 잘 비벼 섞은 뒤 무스링의 가장자리에 빈틈없이 꼭꼭 붙여요.

3 가장자리를 붙이고 나서 손으로 바닥까지 쿠키를 단단하게 붙여요.

4 젤라틴은 찬물에 담가 20분가량 불려요.

치즈 무스

5 크림치즈에 설탕A를 넣고 덩어리가 없도록 거품기로 잘 섞어요.

6 여기에 생크림을 조금씩 나눠 넣어 가며 잘 섞어요.

7 모두 섞은 다음 덩어리가 없고 매끄러운 상태로 만들어요.

8 다른 볼에 달걀노른자를 풀고 설탕B를 넣고 거품기로 섞어요.

사진처럼 주걱으로 바닥을 긁어봤을 때 지나간 자리가 남아 있어야 해요.

9 중탕으로 익히는데 주걱으로 저어 가며 걸쭉해질 때까지 익혀요.

10 여기에 20분가량 찬물에 불린 젤라 틴의 물기를 짜서 넣고 잘 섞어요.

완성

11 ⑦의 크림에 ⑩를 두 번에 나눠 넣 어가며 잘 섞어요.

12 준비한 쿠키 셸에 라즈베리잼을 바르고 ⑪을 조심스럽게 붓고 냉 장고에서 4~5시간 이상 굳혀요.

13 완전히 굳으면 틀에서 분리하고 윗면에 라즈베리잼과 라즈베리, 민트 잎으로 장식해요.

빵순이들의 예리한 질문

Q 냉장고에 굳힌 뒤에 케이크가 틀에서 잘 안 빠지면 어떻게 하나요?

A 틀이 잘 분리가 안 될 때는 뜨거운 물에 적신 행주로 틀을 감싼 다음 조심해서 빼요.

creme fraiche cake

케이크의 기본 중에 기본
생크림 케이크

아마 사람들이 가장 좋아하는 케이크는 생크림 케이크가
아닐까요? 상대방이 어떤 케이크를 선택할지 몰라
고민된다면 생크림 케이크로 결정하세요.
남녀노소 모두에게 사랑 받는 케이크니까요.

재료(15cm 원형틀)

제누아즈
달걀 100g(약 3개)
설탕A 65g
박력분 60g
무염버터 10g
우유 10g

시럽
설탕B 50g
물 100g

장식
생크림 200g
설탕C 20g
딸기 10개

제누아즈

1 무염버터와 우유를 전자레인지나 중탕으로 완전히 녹여요.

2 볼에 달걀을 멍울 없이 풀고 설탕A를 넣고 잘 섞어요.

손으로 달걀물을 만져봤을 때 따뜻하고 설탕이 만져지지 않아야 해요.

3 ②를 따뜻한 물에 올려놓고 중탕으로 온도를 올려요.

이때 핸드믹서를 들었을 때 떨어지는 반죽이 5초 이상 유지되도록 단단하게 휘핑해요.

4 볼을 냄비에서 꺼낸 뒤 핸드믹서로 밝은 레몬색이 될 때까지 오래 휘핑해요.

5 여기에 체 친 박력분을 넣고 거품이 꺼지지 않도록 주의하며 빠르게 섞어요.

6 ①의 녹인 무염버터와 우유를 넣고 거품이 꺼지지 않도록 재빨리 섞어요.

7 케이크틀에 유산지나 테플론 시트를 깔고 ⑥의 반죽을 넣고 170~180℃의 오븐에서 25~30분가량 구워요.

시럽

8 설탕B와 물을 섞어 끓이고 완전히 식혀요.

완성

9 딸기는 깨끗이 씻어서 물기를 완전히 제거해요.

10 생크림은 휘핑하다 설탕C를 넣고 좀 더 단단하게 휘핑해요.

11 구운 시트는 1cm 두께로 3~4 등분해요.

12 시트에 ⑧의 시럽을 듬뿍 발라요.

13 위에 생크림을 얇게 바른 뒤 딸기를 슬라이스해서 얹어요.

14 그 위에 휘핑한 생크림을 바르고 같은 순서로 두 번 반복해요.

15 맨 위에는 생크림을 바르고 스패튤러를 이용해 윗면을 매끄럽게 정리해요.

16 옆면도 생크림을 발라서 매끈하게 정리해요.

17 남은 생크림은 별 깍지를 낀 짤주머니에 담아 윗면을 장식하고 딸기로 마무리해요.

PARANDAL TIP

귀여운 딸기 산타 만들기

1 딸기의 3분의 1 부분을 비스듬히 잘라요.
2 3분의 2의 아랫부분에 생크림을 짜서 올려요.
3 ①의 딸기를 덮고 검은깨나 은구슬 등으로 입과 코를 장식해요.

브라우니의 특별한 변신
브라우니 초콜릿 바

브라우니를 좀 더 색다르게 만들 수는 없을까 곰곰이 고민해봤어요. 자주 굽는 브라우니에 가나슈를 더해 초콜릿 홀릭을 위한 진정한 브라우니를 완성했어요.

재료(18×18cm 사각틀 1개)

브라우니
무염버터 A 80g
다크 초콜릿A 125g
달걀 80g
설탕 50g
우유 80g
중력분 80g
베이킹파우더 2g
호두 70g

가나슈
다크 초콜릿B 95g
생크림 50g
무염버터B 10g

장식
다크 초콜릿C 50g

브라우니

1 볼에 무염버터A와 다크 초콜릿A를 넣고 중탕이나 전자레인지를 이용해 액체 상태가 되도록 녹여요.

2 다른 볼에 달걀을 넣고 멍울 없이 풀고 설탕을 넣고 충분히 휘핑해요.

3 여기에 ①과 우유를 넣고 거품기로 잘 섞어요.

4 체 친 중력분과 베이킹파우더를 넣고 잘 섞어요.

5 호두를 다져서 넣고 주걱으로 매끄러운 반죽이 되도록 섞어요.

6 유산지를 깔아놓은 사각팬에 반죽을 붓고 170℃의 오븐에서 20분가량 구워요.

가나슈

7 생크림은 약한 불에서 가장자리가 끓어오를 때까지 끓여요.

8 다진 다크 초콜릿B에 생크림을 붓고 20~30초가량 기다렸다가 거품기로 잘 섞어요.

9   어느 정도 매끄럽게 섞이면 실온의
      부드러운 무염버터B를 넣고 매끄럽
      게 섞어요.

10   구운 브라우니가 완전히 식으면
       가나슈를 붓고 냉장고에 넣어둬요.

11   가나슈가 완전히 굳으면 뒤집어서
       꺼낸 뒤 원하는 크기로 잘라요.

12   윗면에 장식하고 싶다면, 다크 초
       콜릿C를 중탕이나 전자레인지에
       녹여 짤주머니에 담아 장식해요.

은은하게 퍼지는 오렌지 향의 부드러움
오렌지 카스텔라

전 카스텔라를 떠올리면 언제나 병 우유가 생각나요. 제가
어릴 때 병에 든 우유가 있었는데, 아빠와 동네 빵집에서
그 병 우유와 카스텔라를 맛있게 먹었던 기억이 나거든요.
지금은 동네 빵집에 앉아 빵을 먹는 풍경이 조금씩 사라
지고 있지만, 여전히 제 기억 속엔 기분 좋은 풍경으로 남
아 있어요. 폭신폭신한 카스텔라와 따뜻한 우유 한잔 그리
고 맛있는 기억.

재료(18×18cm 사각틀 1개)

달걀 150g
달걀노른자 80g
설탕 110g
꿀 15g
박력분 90g
오렌지 껍질 간 것 1개분
그랑마니에르(생략 가능)
1Ts
무염버터 35g
우유 15g

1 오렌지는 깨끗하게 씻어 강판을 이용해 껍질만 긁어요.

2 사각틀에 버터를 얇게 바르고 ②의 유산지를 넣고 고정해요.

3 사각틀의 크기에 맞게 유산지를 잘라 준비해요.

4 볼에 달걀과 달걀노른자를 넣고 멍울이 없도록 고루 섞어요. 여기에 설탕과 꿀을 넣고 잘 섞어요.

손을 넣어서 설탕 입자가 만져지지 않고 따뜻한 상태면 좋아요

5 냄비에 물을 끓이고 중탕으로 ④의 달걀 혼합물의 온도를 올려요.

6 볼을 냄비에서 꺼낸 뒤 핸드믹서를 이용해 하얗게 되도록 오래 휘핑해요.

7 여기에 체 친 박력분과 오렌지 껍질 간 것, 그랑마니에르를 넣고 주걱으로 거품이 꺼지지 않도록 섞어요.

8 무염버터와 우유를 녹여서 넣고 주걱으로 거품이 꺼지지 않도록 빠르게 섞어요.

9 사각틀에 반죽을 붓고 윗면은 스크래퍼로 평평하게 한 뒤 170℃의 오븐에서 30분가량 구워요.

10 다 구워지면 오븐에서 꺼내 윗면에 오일을 바르고 유산지를 덮은 뒤 뒤집어서 식혀요.

black rice cake

밀가루 없이도 완벽한 케이크
흑미 찹쌀 케이크

베이킹의 기본은 버터와 밀가루라지만 가끔은 밀가루가
아닌 재료로 만들고 싶을 때가 있어요. 그럴 때 가장 쉽게
만들 수 있는 게 찹쌀 케이크에요. 몸에 좋은 블랙푸드, 흑
미로 만든 찹쌀 케이크는 건강까지 생각한 케이크랍니다.

재료(15×15cm 사각틀 1개)

흑미 찹쌀가루 300g
꿀 1Ts
설탕 1/2ts
포도씨유 1Ts
두유 200g
소금 1g
팥배기 100g
완두배기 100g

1 흑미 찹쌀가루에 팥배기와 완두배기를 넣고 고루 섞어요.

2 꿀과 설탕, 포도씨유, 두유, 소금을 넣고 고루 섞어요.

3 ①에 ②를 붓고 덩어리가 없도록 잘 섞어요.

4 사각틀에 테플론 시트나 유산지를 깔고 ③을 부어요.

5 오븐팬에 3분의 1 정도 뜨거운 물을 붓고 170~180℃의 오븐에서 30분 가량 구워요.

6 미지근하게 식으면 틀에서 꺼내 완전히 식힌 뒤 원하는 크기로 잘라요.

PARANDAL TIP

• 흑미 찹쌀가루는 수분이 있는 '습식' 찹쌀가루를 이용하세요. 베이킹이나 떡 관련 쇼핑몰에서 구입할 수 있어요.
• 유산지를 이용해서 하나씩 낱개 포장하면 좋아요. 특히 흑미 찹쌀은 어른들이 좋아해 선물하기 좋아요.

sweet potato montblanc

가을을 듬뿍 담은
고구마 몽블랑

밤을 주재료로 만드는 케이크인 몽블랑은 위로 솟은 모양이 알프스 산맥에서 가장 높은 봉우리인 '몽블랑'을 닮았다고 해서 붙은 이름이에요.
몽블랑은 주로 밤 페이스트를 이용해서 만들지만, 이번에는 보랏빛 적고구마를 넣었어요. 부드러운 고구마 크림과 통통하게 씹히는 밤 맛으로 입안 가득 가을을 느껴보세요.

재료(약 6~7개)

시트
달걀 3개
설탕 65g
박력분 45g
고구마가루 8g
무염버터 20g

고구마 크림
자색고구마(쪄서 으깬 것)
150g
생크림 100g
설탕 10g
밤(보늬밤 또는 맛밤) 약 14개

휘퍼를 들어올렸을 때
떨어지는 반죽이 5초 이상
형태를 유지하고
있어야 해요.

시트

1 달걀을 멍울 없이 풀고 설탕을 넣어가며 핸드믹서로 단단하게 휘핑해요.

2 여기에 체 친 박력분과 고구마가루를 넣고 주걱으로 재빨리 섞어요.

3 여기에 녹인 무염버터를 넣고 거품이 꺼지지 않도록 주의하며 빠르게 섞어요.

4 팬에 유산지를 깔고 반죽을 부은 뒤 스크래퍼로 윗면을 매끈하게 정리해요.

5 180℃의 오븐에서 12분가량 구운 뒤 꺼내 완전히 식히고 원형 커터를 이용해 잘라요.

고구마 크림

6 생크림은 설탕을 넣어가며 핸드믹서로 형태가 잡히도록 단단하게 휘핑해요.

7 고구마는 쪄서 껍질을 벗기고 으깨요.

고구마가 뜨거울 때
섞으면 크림이
분리될 수 있어요.

8 으깬 고구마가 완전히 식으면 ⑥의 크림을 두세 번에 나눠 넣고 섞어요.

9 고구마 크림을 몽블랑 깍지를 낀 짤주머니에 담고 잘라놓은 시트에 조금씩 짜서 밤을 올려요.

완성

10 지그재그로 고구마 크림을 싼 뒤 밤을 올려요.

green tea cheese cake

녹차 마니아를 위한
녹차 치즈 케이크

"언니, 나 찐~한 녹차 치즈케이크가 먹고 싶어." 녹차를 사
랑하는 그녀의 한 마디에 만들게 된 녹차 치즈 케이크. 막
구웠을 때는 푸딩 같은 질감이지만 반나절 정도 냉장고
안에서 차갑게 숙성시키면 녹차 아이스크림처럼 부드러
운 맛이에요.

재료(15cm 원형틀 1개)

바닥 쿠키
통밀 쿠키 80g
무염버터 30g

녹차 치즈 필링
크림치즈 320g
설탕 70g
달걀 2개
사워크림 70g
생크림 80g
옥수수 전분(또는
감자 전분) 15g
녹차가루 8g

1 통밀 쿠키는 밀대를 이용해 곱게 부순 뒤 실온의 부드러운 버터를 넣고 잘 섞어요.

2 원형틀에 테플론 시트를 깔고 ①의 쿠키를 넣어 평평하게 되도록 꼭꼭 눌러요.

3 부드러운 크림치즈에 설탕을 넣고 덩어리가 없도록 섞어요.

4 여기에 잘 풀어놓은 달걀을 서너 번에 나눠 넣어가며 섞어요.

5 사워크림과 생크림을 조금씩 넣어가며 섞어요. 체 친 옥수수 전분과 녹차가루를 넣고 잘 섞어요.

6 반죽을 틀의 80% 정도까지 조심스럽게 넣어요. 반죽을 붓고 윗면에 기포가 많다면 꼬치를 이용해 터트려요.

높은 온도에서 구우면 윗면의 색이 진해질 수 있으니 주의하세요.

7 오븐팬에 틀을 넣고 3분의 1 정도까지 물을 부은 뒤 120℃의 오븐에서 1시간~1시간 30분가량 구워요.

8 완성된 치즈 케이크는 냉장고에 차갑게 식혔다가 윗면에 단단해지면 뒤집어서 조심스럽게 꺼내요.

tiramisu

감미로운 음악과 커피 그리고
파란달의 티라미수

이탈리아 디저트인 티라미수는 마스카포네 치즈와 마르
살라 와인, 레이디 핑거로 만드는 게 기본이지만 여기에
녹차 크림과 초콜릿 시트를 더해 파란달의 티라미수를
완성했어요.

재료(15cm 원형틀 1개)

에스프레소 시럽
에스프레소 40g
칼루아(없으면 생략) 20g
설탕A 60g
물 50g

초콜릿 시트
달걀 3개
설탕B 65g
박력분 40g
코코아파우더A 12g
무염버터 20g

크림
마스카포네 치즈
or 크림치즈 175g
설탕C 35g
레몬즙 1ts
사워크림 40g
우유 25g
판젤라틴 2g
생크림 140g
녹차가루 1/2Ts

장식
코코아파우더B 약간
슈거파우더 약간

＊에스프레소 대신 인스턴트
커피 1Ts+뜨거운 물 2Ts을
섞어서 대체해도 좋아요.

에스프레소 시럽

1 설탕A와 물을 끓인 뒤 에스프레소를 넣어 섞고 식으면 칼루아를 잘 섞어요.

초콜릿 시트

2 달걀은 잘 풀고 설탕B를 넣어가며 핸드믹서로 휘핑해요.

3 반죽을 떨어뜨렸을 때 5초 이상 형태를 유지하도록 밝은 크림색이 될 때까지 오래 휘핑해요.

4 여기에 체 친 박력분과 코코아파우더A를 넣고 거품이 꺼지지 않도록 빠르게 섞어요.

5 녹인 무염버터를 넣고 거품이 꺼지지 않도록 주걱으로 재빨리 섞어요.

6 오븐팬에 유산지나 테플론 시트를 깔고 반죽을 부은 뒤 스크래퍼로 윗면을 평평하게 정리해요.

7 180℃로 예열한 오븐에서 12~13분가량 구운 뒤 시트가 식으면 원형틀로 2장이 되도록 잘라요.

8 젤라틴은 미리 찬물에 20분간 담가 불려요.

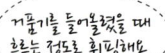
거품기를 들어올렸을 때 흐르는 정도로 휘핑해요.

9 생크림은 핸드믹서로 약간 단단하게 휘핑해요.

10 다른 볼에 마스카포네 치즈를 덩어리 없이 풀고 설탕C를 넣고 섞어요.

11 여기에 사워크림과 레몬즙을 넣고 섞어요.

12 ⑧의 젤라틴은 물기를 꼭 짜서 우유와 함께 중탕으로 녹인 뒤 넣고 거품기로 섞어요.

13 여기에 ⑨의 생크림을 넣고 거품기로 잘 섞어요.

14 ⑬의 반을 덜어 녹차가루를 넣고 섞어요.

완성

15 원형 무스틀에 무스띠를 두르고 바닥에는 받침이나 유산지를 깔아요.

16 여기에 잘라놓은 ⑦의 시트를 1장 넣고 그 위에 ①의 에스프레소 시럽을 발라요.

17 그 위에 완성된 ⑬의 크림을 넣고 윗면을 평평하게 만들어요.

18 또 1장의 시트에 앞뒤 면으로 에스프레소 시럽을 바르고 위에 얹어요.

냉장고에 넣고 3~4시간 이상 굳혀요.

19 그 위에 ⑭의 크림을 채우고 윗면을 스패튤러로 말끔하게 정리한 뒤 냉장고에서 굳혀요.

20 크림이 굳으면 냉장고에서 꺼낸 뒤 체를 이용해 코코아파우더B를 뿌려요.

21 스텐실을 얹고 슈거파우더를 뿌려요.

22 조심스럽게 스텐실을 걷어내고 무스틀을 분리하세요.

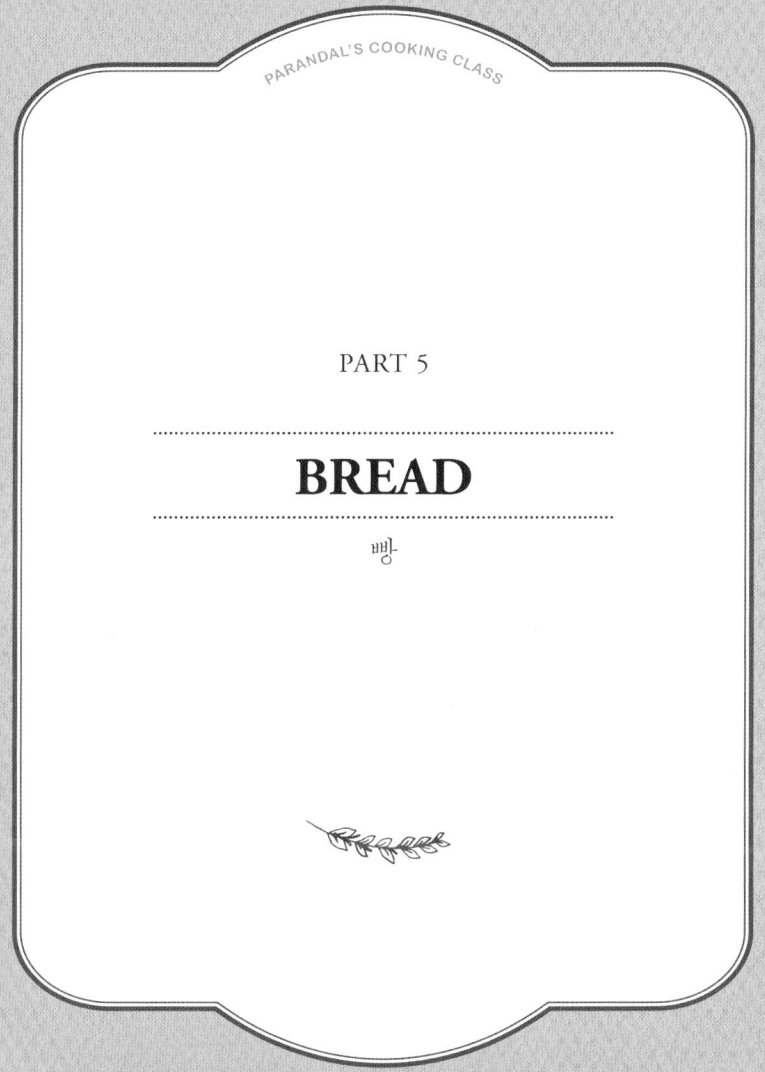

PART 5

BREAD

빵

Cinnamon roll

시나몬 향의 참을 수 없는 유혹
시나몬 롤

영화 〈카모메 식당〉은 핀란드에서 식당을 운영하는 한 일본 여자의 소소한 일상을 그리고 있어요. 타지에서 그녀를 낯설게 여기던 마을 사람들이 조금씩 마음의 문을 열게 되는데, 다름 아닌 그녀가 굽는 시나몬 롤의 냄새 덕분이었어요. 영화를 보는 내내 코끝을 스치는 듯한 향긋한 냄새 때문에 영화가 끝나기 무섭게 시나몬 롤을 구웠답니다. 시나몬 향의 참을 수 없는 유혹에 빠져볼까요?

재료(약 10개)

빵 반죽
강력분 300g
인스턴트 드라이이스트 5g
설탕 45g
소금 4g
달걀 1개
우유 140g
버터 35g

필링
흑설탕 80g
시나몬파우더 1ts
견과류(땅콩, 호두, 아몬드
등) 60g
버터 35g

아이싱
슈거파우더 80g + 물 1Ts

PARANDAL TIP

영화 〈카모메 식당〉과 시나몬 롤
영화 〈카모메 식당〉은 시나
몬 롤을 좋아하는 분들께 꼭
추천하고 싶은 영화예요. 갓
구운 시나몬 롤과 따끈한 커
피 그리고 그녀의 추억이 담
긴 소울푸드, 오니기리가 보
는 내내 잔잔한 여운을 남깁
니다.

머리 22쪽을 참고해 빵 반죽 재료를 모두 섞어 치대면서 반죽을 한 뒤 1시간 정도 1차 발효를 시켜둡니다.

1 흑설탕에 시나몬파우더와 다진 견
과류를 넣고 섞어요.

2 1차 발효가 끝나면 손으로 가볍게
눌러 가스를 빼요.

끝부분은 꼬집듯이 단단하게 붙이고, 반죽은 꼭꼭 눌러가며 말아요. 반죽이 헐거우면 필링이 새요.

3 실온에서 15분가량 중간 발효한 뒤
밀대를 이용해 직사각형으로 넓게
밀어요.

4 넓게 민 반죽에 필링의 버터를 펴
바르고 ①을 골고루 눌러가며 깔고
끝부분부터 김밥 말듯 돌돌 마세요.

반죽 밑에 실을 넣어서 양 끝을 잡은 뒤 서로 반대 방향으로 잡아당겨요.

5 반죽을 3~4cm 두께로 자르는데, 무
명실을 이용하면 좋아요.

6 팬에 반죽을 올리고 랩을 씌워 30~
40분가량 2차 발효를 시켜요.

아이싱은 슈거파우더에 물을 넣고 잘 섞어서 만들어요.

7 2차 발효가 끝나면 180℃로 예열한
오븐에서 15~20분간 구워요.

8 완성된 시나몬 롤에 취향에 따라 아
이싱을 뿌려요.

겉은 바삭바삭, 속은 쫄깃쫄깃
호두 바게트

여러분은 바게트를 생각하면 어떤 나라가 떠오르나요? 보통 프랑스가 떠오르는데, 저는 앙코르와트가 있는 캄보디아가 떠올라요. 아침에 나가보니 아주머니들이 바구니 가득 바게트를 들고 나와 팔더라고요. 그래서 '왜 캄보디아에 바게트가 이렇게 많지?' 생각해보니 프랑스 식민지 시절의 흔적인 듯싶더라고요. 이런 풍경은 베트남에서도 흔히 볼 수 있죠. 오늘은 겉은 바삭, 속은 쫄깃한 바게트를 집에서 만들어보세요.

재료(미니 사이즈 2개)

강력분 190g
박력분 60g
물 160g
소금 4g
인스턴트 드라이이스트 5g
다진 호두 40g
식물성 오일 약간

머리 22쪽을 참고해
빵 반죽 재료를 모두 섞어
치대면서 반죽을 한 뒤
시간 정도 1차 발효를
시켜둡니다

1 1차 발효가 끝나면 손으로 가볍게 눌러 가스를 빼요.

2 반죽은 두 덩어리로 나누어 15분간 중간 발효시켜요.

마지막 이음새를
손으로 꼬집듯이
단단하게 붙여요

3 반죽을 밀대로 밀어 둥글게 펴요. 끝에서부터 눌러가며 돌돌 말아 마지막 이음새 부분을 붙여요.

4 팬에 식물성 오일을 바르고 반죽을 올린 뒤 비닐이나 젖은 면포를 덮어 50분간 2차 발효를 시켜요.

스프레이로 물을
충분히 뿌려야 겉이
바삭한 바게트가 돼요

5 발효가 끝날 때쯤 작은 칼로 윗면에 칼집을 내고 스프레이로 물을 충분히 뿌린 뒤, 190℃로 예열한 오븐에서 20분가량 구워요.

PARANDAL TIP

바게트의 쫀득한 변신, 찹쌀 바게트

재료에서 찹쌀가루가 200g만 있으면 찹쌀 바게트를 만들 수 있답니다. 우선 호두만 뺀 뒤 같은 방법으로 중간 발효까지 끝내고 반죽을 넓게 편 뒤 사진처럼 찹쌀 반죽을 고루 펴세요. 찹쌀 반죽은 찹쌀가루 200g에 뜨거운 물 70g 정도를 부어 반죽하세요. 넓게 편 찹쌀 반죽에 호두를 넣고 돌돌 말아 같은 방법으로 2차 발효를 시킨 뒤 구우면 쫀득쫀득한 찹쌀 바게트가 되어요.

동글동글 예쁜 발효빵
모닝빵

만화 〈따끈따끈 베이커리〉의 주인공 신태양은 빵 반죽을
하기에 최적의 조건인 '태양의 손'을 가지고 있어요. 태양
의 손이란 아주 따뜻해서 빵 반죽을 만지는 순간, 발효가
순식간에 일어나는 것을 말해요. 참 재밌는 설정이죠? 전
손이 차가운 편인데 이 만화를 읽으면서 '그동안 실패했던
발효빵의 원인이 내 차가운 손에 있었던 걸까?' 생각했어
요. 손을 이용해서 따끈따끈한 모닝빵을 만들어보세요.

재료(8개)

강력분 250g
달걀 30g(1/2개)
우유 70g
물 60g
설탕 30g
버터 30g
소금 4g
인스턴트 드라이이스트 5g
달걀물(달걀노른자 1개분
+ 물 1Ts) 약간

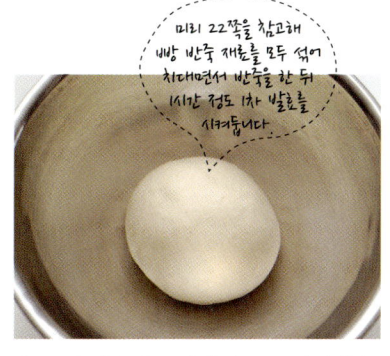

미리 22쪽을 참고해
빵 반죽 재료를 모두 섞어
치대면서 반죽을 한 뒤
1시간 정도 1차 발효를
시켜둡니다.

1 1차 발효가 끝나면 손으로 가볍게 눌러 가스를 빼요.

2 반죽을 8등분해서 15분가량 중간 발효시켜요.

3 중간 발효가 끝나면 손으로 살짝 눌러 가스를 뺀 뒤 손으로 반죽을 예쁘게 둥글리세요.

4 준비된 오븐팬에 올려놓고 젖은 면포나 비닐을 느슨하게 덮어 45분간 2차 발효시켜요.

5 발효가 끝나면 솔로 달걀물을 바르고 180℃로 예열한 오븐에서 15분간 구워요. 다 구워지면 바로 식힘망에 올려서 식혀요.

PARANDAL TIP

간단 모닝빵 샌드위치

모닝빵이 오븐에서 노릇하게 구워지는 동안 참치 샐러드를 만들어 샌드위치를 즐겨보세요. 참치에 양파, 오이를 다져 넣고 올리브도 약간 썰어 넣어요. 집에 있는 어떤 재료를 넣어도 좋아요. 마요네즈를 섞고 소금과 후추로 간하면 됩니다. 갓 구운 모닝빵으로 맛있는 모닝빵 샌드위치를 만들어보세요.

와인과 함께 가볍게 오도독
그리시니

나폴레옹이 즐겨 먹어서 '나폴레옹의 지팡이'라는 애칭을
지닌 그리시니grissini. 그리시니는 딱딱하고 긴 막대 모양
이 특징인 이탈리아 빵이에요. 주로 식전에 가볍게 와인과
함께 먹거나 맥주 안주로 즐기죠. 딱딱하지만 담백하고 짭
조름한 맛이 나는데, 특별한 맛은 없지만 먹을수록 끌려서
멈출 수가 없어요. 혹시 식전 메뉴로 준비했다면, 메인 시
디를 위해 조금만 먹는 거 잊지 마세요.

재료(약 28개)

강력분 100g
박력분 150g
설탕 15g
소금 4g
인스턴트 드라이이스트 5g
식물성 오일 2Ts
물 130g
참깨 2Ts
달걀물(달걀노른자 1개분 + 물 1Ts) 약간
장식용 참깨 약간

머리 22쪽을 참고해 빵 반죽 재료를 모두 넣어 치대면서 반죽을 한 뒤 1시간 정도 1차 발효를 시켜둡니다

1 1차 발효가 끝나면 손으로 가볍게 눌러 가스를 빼요.

2 반죽을 약 15g씩 나눠 둥굴린 뒤 젖은 면포나 비닐을 덮어 15분가량 실온에서 중간 발효시켜요.

3 중간 발효가 끝나면 반죽을 가운데 부터 굴려가며 사진처럼 막대 모양으로 늘려요.

4 모두 균일한 길이로 늘려서 준비해요.

5 팬에 반죽을 올린 뒤 젖은 면포나 비닐을 덮고 실온에서 20분가량 2차 발효시켜요.

6 발효가 끝나면 윗면에 솔을 이용해 달걀물을 바르고 참깨를 고루 뿌린 뒤 190℃로 예열한 오븐에서 10분간 구운 다음 식힘망에 올려 식혀요.

PARANDAL TIP

간단한 술안주로 그만이에요

그리시니는 식전에 먹기에 좋은 빵이지만 서는 영화나 축구 경기를 볼 때 간단한 술안주로 자주 먹어요. 시원한 맥주와 담백하면서 짭짤한 그리시니, 말린 과일을 곁들이면 그만이죠.

bagel

씹을수록 담백한 맛에 끌리는
베이글

베이글은 2천 년 전부터 유대인이 즐겨 먹는 전통 빵이라
고 해요. 일반적으로 반죽을 오븐에서 직접 굽는 빵과 달
리 끓는 물에 데쳐서 굽는 게 특징이에요. 버터와 달걀 없
이 밀가루, 소금, 이스트, 물만 넣기 때문에 조금은 딱딱하
고 질기지만 씹을수록 담백한 맛이 일품이에요. 따뜻할 때
크림치즈를 발라 먹거나 샌드위치를 만들어도 맛있답니다.

재료(4개)

강력분 200g
호밀가루 50g
물 130g
식물성 오일 1Ts
인스턴트 드라이이스트 3g
소금 4g
설탕 15g

미리 22쪽을 참고해 빵 반죽 재료를 모두 섞어 치대면서 반죽을 한 뒤 1시간 정도 1차 발효를 시켜둡니다

1 1차 발효가 끝나면 손으로 가볍게 눌러 가스를 빼요.

2 반죽을 4등분해서 둥글게 만들어 실온에서 15분가량 중간 발효시켜요.

3 발효된 반죽을 하나씩 타원형으로 길게 밀어 돌돌 말아 올려요.

4 양 끝을 잡고 이어서 동그랗게 모양을 잡으세요. 이음새가 풀리지 않게 꼭꼭 집어 모양을 잡아요.

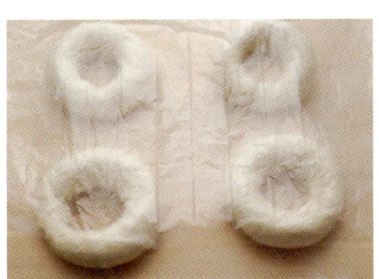

5 모양이 잡힌 반죽을 젖은 면포나 비닐을 덮어 30분가량 2차 발효시켜요.

6 냄비에 물을 끓이고 반죽을 넣어 앞뒤로 각각 20~30초씩 데친 다음, 200℃로 예열한 오븐에서 15~18분가량 구워요.

PARANDAL TIP

맛있는 크림치즈 스프레드 두 가지

- 실파 크림치즈 스프레드 크림치즈 100g과 실파 2뿌리를 준비합니다. 실온에 두어 크림치즈가 부드러워지면 실파를 송송 썰어 넣고 잘 섞어요.

- 호두 크림치즈 스프레드 크림치즈 100g과 호두 30g, 시나몬파우더를 약간 준비해요. 실온에 두어 크림치즈가 부드러워지면 미리 구워둔 호두를 잘게 부숴 넣고 시나몬파우더를 뿌린 뒤 잘 섞어요.

영양 만점에 맛까지 만점
두유 호밀빵

간혹 우유를 마시지 않는 사람이 있어요. 우유를 마시면
설사를 하거나 소화가 안 되는 사람도 있고 우유가 건강
에 좋지 않다고 생각하는 사람도 있지요. 우유가 완전식품
이라는 의견과 성인에게는 전혀 필요 없다는 의견까지 우
유는 말이 많은 식품이에요. 이번에는 우유 대신 두유를
넣어봤어요.

재료(30×15cm 1개)

강력분 200g

호밀가루 50g

두유 80g

물 60g

식물성 오일 2Ts

설탕 15g

소금 4g

인스턴트 드라이이스트 5g

토핑(장식용) 곡류 약간

미리 22쪽을 참고해 빵 반죽 재료를 모두 섞어 치대면서 반죽을 한 뒤 한 시간 정도 1차 발효를 시켜둡니다.

1 1차 발효가 끝나면 손으로 가볍게 눌러 가스를 빼요.

2 반죽에 젖은 면포나 비닐을 씌워 실온에서 15분간 중간 발효시켜요.

3 손으로 반죽을 가볍게 눌러 가스를 빼면서 밀대로 긴 타원형이 되도록 밀어요.

4 양쪽 끝을 살짝 접어 넣고 끝에서부터 돌돌 만 뒤 반죽끼리 만나는 부분은 꼬집듯이 꼭꼭 붙여요.

5 오븐팬에 유산지나 테플론 시트를 깔고 반죽을 올린 뒤 비닐을 씌워 크기가 2배 가까이 되도록 50분간 2차 발효시켜요.

6 2차 발효가 끝나면 솔을 이용해 두유를 바르고 곡류 토핑을 붙여요. 180℃로 예열한 오븐에서 20~25분가량 구운 뒤 식힘망에 올려 식혀요.

PARANDAL TIP

호밀빵으로 만든 샌드위치

선 두유 호밀빵으로 샌드위치를 즐겨 만들어요. 따끈할 때 적당한 크기로 자른 뒤 안에 햄이나 치즈, 양상추 등을 넣고 취향에 따라 마요네즈, 토마토케첩, 머스터드 소스 등을 바르면 멋진 샌드위치가 만들어져요. 훌륭한 한 끼 식사가 된답니다.

walnut cranberry bread

세상에 하나뿐인 나만의 빵
월넛 크랜베리 브레드

처음에는 빵 만드는 게 어렵게 느껴졌지만, 몇 번 만들다 보니 시간이 좀 오래 걸려서 그렇지 쿠키나 케이크보다 만들기도 쉽고 갓 구운 따끈따끈한 빵을 먹는 재미도 좋더라고요. 특히 빵을 만들면서 보람을 느낄 때는 내가 원하는 재료를 듬뿍 넣어 나만의 빵을 완성할 때죠. 저는 호두를 좋아해서 호두와 크랜베리를 가득 넣고 빵을 구워봤어요. 여러분도 시중에서 구할 수 없는 나만의 빵을 만들어보세요.

재료(지름 12cm 4개)

강력분 250g
분유 12g
버터 25g
달걀 30g
인스턴트 드라이이스트 5g
소금 4g
설탕 40g
물 100g
생크림 25g
호두 60g
말린 크랜베리 50g

＊ 생크림이 없으면 대신
우유로 대체하세요.

미리 22쪽을 참고해
빵 반죽 재료를 모두 섞기
치대면서 반죽을 한 뒤
1시간 정도 1차 발효를
시켜둡니다

1 1차 발효가 끝나면 손으로 가볍게 눌러 가스를 빼요.

2 ①의 반죽을 대략 145g씩 4등분한 뒤 젖은 면포나 비닐을 씌워 실온에서 15분간 중간 발효시켜요.

3 중간 발효가 끝나면 손으로 하나씩 둥글려요.

4 모양을 잡은 반죽을 유산지를 깐 팬에 올리고 젖은 면포나 비닐을 덮어 실온에서 40~50분간 2차 발효시켜요.

5 180℃로 예열한 오븐에서 20~25분간 구운 뒤 꺼내 식힘망에 올려 식혀요.

빵순이들의 예리한 질문

Q 호두나 말린 크랜베리가 없을 때는 어떤 걸 넣으면 좋을까요?

A 물기가 없는 재료라면 어떤 것도 상관없어요. 단, 콩이나 팥처럼 단단한 재료를 넣을 때는 반드시 미리 익혀 넣으세요.

green tea bread

입안 가득 초록빛으로
녹차 식빵

검은콩 식빵, 통밀 식빵, 옥수수 식빵, 우유 식빵 등 요즘은
식빵의 종류도 각양각색이에요. 식빵만 판매하는 식빵 전
문 베이커리도 등장했고요. 녹차가루를 넣어 초록빛 가득
한 녹차 식빵을 만들어봤어요. 녹차를 좋아한다면 녹차 식
빵은 어떠세요?

재료(22×10cm 식빵틀 1개)

강력분 250g
녹차가루 6g
버터 30g
달걀 30g
설탕 25g
소금 4g
우유 100g
물 40g
인스턴트 드라이이스트 6g
틀에 바를 버터와 밀가루
약간

미리 22쪽을 참고해
빵 반죽 재료를 모두 섞어
치대면서 반죽을 한 뒤
1시간 정도 1차 발효를
시켜둡니다

1 1차 발효가 끝나면 손으로 가볍게 눌러 가스를 빼요.

2 반죽을 3등분해서 젖은 면포나 비닐을 덮고 실온에서 15분간 중간 발효시켜요.

3 중간 발효가 끝나서 반죽이 부풀어 오르면 손으로 살짝 눌러가며 가스를 빼요.

4 가스를 뺀 반죽을 밀대로 타원형이 되도록 민 뒤 좌우 양 끝을 살짝 접어요.

5 접은 반죽을 끝에서부터 꼭꼭 눌러가며 말아요.

6 반죽이 만나는 끝 부분은 손으로 꼬집듯이 붙여 떨어지지 않게 해요. 나머지 반죽도 같은 방법으로 말아요.

7 식빵틀에 버터를 고루 바르고 밀가루를 묻혀 털어낸 뒤 반죽 2덩어리를 나란히 넣은 다음, 위에 젖은 면포나 비닐을 덮고 40~50분간 2차 발효시켜요.

8 180℃로 예열한 오븐에서 30분간 구우면 윗면이 노릇하게 익어요. 다 구워지면 식힘망에서 식혀요.

tomato bread

몸에 좋은 토마토를 넣은
토마토빵

토마토에 들어 있는 리코펜 성분은 항암 작용을 하고 당 뇨병이나 심근경색에도 좋다고 해요. 게다가 열을 가해도 좋은 성분이 파괴되지 않는다고 해요. 토마토에 꿀과 요거 트를 넣고 토마토빵을 만들어봤어요. 토마토의 약간 시큼 한 맛 때문에 그냥 먹는 것보다 샌드위치용으로 좋아요.

재료(18cm 4개)

강력분 270g
인스턴트 드라이이스트 5g
소금 4g
꿀 1Ts
식물성 오일 30g
토마토(중간 크기) 1개
플레인 요거트 70g

1 잘 익은 토마토는 깨끗하게 씻어 칼을 이용해 윗부분에 십자 모양을 내요.

2 팔팔 끓는 물에 20~30초간 데쳐서 꺼낸 뒤 십자 부분을 중심으로 껍질을 벗겨요.

총 170g이 되도록 해요.

3 토마토의 씨 부분과 꼭지는 제거하고 나머지는 믹서에 갈아 100g을 준비해요. 여기에 플레인 요거트 70g을 넣고 섞어요.

미리 22쪽을 참고해 빵 반죽 재료를 모두 섞기 치대면서 반죽을 한 뒤 시간 정도 1차 발효를 시켜둡니다

4 1차 발효가 끝나면 손으로 가볍게 눌러 가스를 빼요.

5 반죽을 4등분해서 15분가량 중간 발효시켜요.

6 발효가 끝나면 밀대로 반죽이 타원형이 되도록 밀어요.

7 끝에서부터 꼭꼭 눌러가며 만 뒤 끝부분은 벌어지지 않게 꼬집듯이 마무리해요.

8 오븐팬에 반죽을 올리고 40분간 2차 발효시키고 180℃로 예열한 오븐에서 20분가량 구워요.

PARANDAL TIP

토마토빵은 폭신폭신하고 부드러워 샌드위치나 핫도그를 만들면 좋아요.

재료 토마토빵 2개, 양파 1개, 소시지 2개, 모차렐라 치즈(에멘탈 치즈나 체다 치즈), 디종 머스터드와 버터 적당량(빵에 바르는 용도), 소금과 후추 약간

1 양파는 채 썰어 팬에 식물성 오일을 두르고 갈색이 나도록 볶아요.
2 소시지는 끓는 물에 3~4분간 데쳐요.
3 빵을 반으로 가르고 한쪽에 디종 머스터드를 바르고 볶은 양파와 소시지를 올려요.
4 다른 한쪽에는 버터를 바르고 치즈를 올려요. 전자레인지나 오븐을 이용해 치즈를 살짝 녹인 뒤 양쪽을 합치면 완성이에요.

curry bread

도쿄에서 만났던 그 빵!
카레빵

———————— ❧ ————————

빵 반죽 안에 카레를 넣어 만드는 카레빵은 1927년 일본
도쿄의 신주쿠에 있는 나카무라야에서 처음 개발한 일본
빵이에요. 일본 여행을 가면 먹고 오는 빵 중 하나랍니다.
기름에 튀기지 않고 오븐에 구워 담백하게 즐길 수 있어요.

재료(약 6개)

필링
감자 2개
양파 1/2개
피망 1/2개
당근 1/4개
햄 3장
카레가루 2Ts
마요네즈 2Ts
설탕A 1ts
소금A 약간
후춧가루 약간

반죽
강력분 300g
인스턴트 드라이이스트 6g
카레가루 1Ts
설탕B 45g
소금B 4g
달걀 50g
꿀 20g
우유 125g
무염버터 35g
빵가루100g

1 감자는 전자레인지나 찜통에 쪄서 껍질을 벗기고 으깨요.

2 양파와 피망, 당근은 비슷한 크기로 잘게 썰어서 볶아요.

3 야채가 투명하게 익으면 잘게 썬 햄을 넣어 볶다가 카레가루를 넣고 볶아요.

4 ①의 으깬 감자에 ③을 넣고 마요네즈와 설탕A, 소금A, 후춧가루를 넣어 버무려요.

머리 22쪽을 참고해 빵 반죽 재료를 모두 섞어 치대면서 반죽을 한 뒤 1시간 정도 1차 발효를 시켜둡니다

5 1차 발효가 끝나면 손으로 가볍게 눌러 가스를 빼요.

6 반죽을 약 95g씩 나눠 둥글리기한 뒤 15분가량 중간 발효를 시켜요.

7 반죽을 동글납작하게 만들어 안에 ④의 필링을 넣어요.

8 필링이 새어나오지 않게 꼼꼼하게 반죽을 집어 마무리해요.

물을 발라도 좋아요.

9 반죽에 우유나 달걀물을 발라요.

10 앞뒤로 빵가루를 듬뿍 묻히고 40 ~50분간 2차 발효를 시켜요.

11 180℃의 오븐에서 15분가량 구워요.

트렌디한 밤식빵의 탄생!
밤 롤빵

이제 투박한 밤식빵과는 이별을 해야 할 것 같아요. 밤을 넣고 돌돌 말아 작은 사이즈의 밤 롤빵을 만들어보세요. 포장해서 선물하기에도 좋아요.

재료(약 6개)

강력분 250g
인스턴트 드라이이스트 5g
설탕 55g
소금 4g
달걀 50g
우유 110g
무염버터A 30g

무염버터B 20g
밤(고형량) 180g

PARANDAL TIP

빵을 만들 때 빵틀만 고집할
필요는 없어요. 일회용 케이
크틀을 활용하면 선물할 때
도 좋고, 모양도 잘 잡을 수
있어 편리해요.

1 밤은 시럽을 따라내고 물기를 없앤
뒤 굵게 다져요.

머리 22쪽을 참고해
빵 반죽 재료를 모두 섞어
치대면서 반죽을 한 뒤
1시간 정도 1차 발효를
시켜둡니다

2 1차 발효가 끝나면 손으로 가볍게 눌
러 가스를 빼요.

3 반죽을 직사각형으로 만든 뒤 젖은
면포나 비닐을 씌워 15분가량 중간
발효를 시켜요.

4 중간 발효가 끝나면 반죽을 가로, 세
로 24cm의 정사각형으로 밀어 모
양을 잡고 버터B를 발라요.

5 ①의 굵게 다진 밤을 반죽에 얹고
끝에서부터 돌돌 말아요.

6 마지막 부분은 손으로 꼭꼭 집어서
풀리지 않도록 마감해요.

이때 실을 엇갈려서
잡고 당겨서 잘라요

7 칼이나 실을 이용해서 6cm 정도의
길이로 4등분되도록 반죽을 잘라요.

8 40분간 2차 발효를 한 뒤 180℃로
예열한 오븐에서 20~25분가량 구
워요.

mini a bean-jam bun

팥빵은 여전히 성장기
미니 팥빵

담백한 빵에 달콤한 팥과 완두가 가득한 미니 팥빵은 간
식으로 먹기에 딱 좋아요. 시선을 사로잡는 귀여운 모습
에 자꾸만 손이 가요.

재료(25~30개)

강력분 200g

박력분 50g

탈지분유 6g

인스턴트 드라이이스트 6g

설탕 50g

소금 4g

달걀 25g

우유 125g

무염 버터 45g

팥배기 50g

완두배기 50g

1 22쪽을 참고해 반죽하고, 마지막에 팥배기와 완두배기를 넣고 접듯이 한 덩어리로 만들어요.

2 반죽이 한 덩어리가 되면 젖은 면포나 랩을 씌워 50분간 1차 발효를 시켜요.

3 1차 발효가 끝난 반죽은 가볍게 손으로 쳐서 가스를 빼고 15분간 중간 발효를 시켜요.

4 밀대를 이용해 반죽을 20cm 정도의 정사각형으로 만들어요.

5 스크래퍼로 작은 정사각형이 되도록 자른 뒤 오븐팬에 올려요.

6 팬에 올린 반죽은 40분가량 2차 발효를 한 뒤 180℃의 오븐에서 12~15분간 구워요.

bacon olive bread

꽃 피는 봄날에 어울리는
베이컨 올리브빵

짭짤하고 고소한 베이컨과 담백한 올리브의 만남이 궁금
하시다고요? 동글동글 구워놓은 빵을 바구니에 담아 가
족들과 나들이를 떠나보세요.

재료(약 6개)

강력분 220g
박력분 20g
탈지분유 15g
설탕 35g
소금 4g
달걀 50g(약 1개)
우유 110g
인스턴트 드라이이스트 6g
올리브유 25g
베이컨 3줄(약 70g)
블랙 올리브 30g

1 블랙 올리브와 베이컨은 다져요.

2 베이컨은 기름 없는 팬에 바삭하게 구워 키친타월에 올려 기름을 제거해요.

3 발효빵 반죽하기(22쪽 참고)에 따라 반죽하고 1차 발효까지 끝내요.

4 1차 발효가 끝난 반죽은 가볍게 가스를 빼고 블랙 올리브와 베이컨을 넣고 섞어요.

5 반죽을 약 80g씩 나눠 둥글려서 15분간 중간 발효를 시켜요.

6 다시 둥글려서 2차 발효를 한 뒤 180℃의 오븐에서 15분간 구워요.

vegetable roll bread

든든한 영양 간식
채소 롤빵

아이들 간식으로 빵을 준비하다 보면 탄수화물 섭취만 늘리는 게 아닐까 불안할 때가 있어요. 그럴 때는 채소를 듬뿍 넣고 만들어보세요. 평소에 싫어하는 재료도 잘게 다져 넣으면 아마 모를 거예요. 든든한 영양 간식으로 준비해보세요.

재료(약 10개)

강력분 220g
박력분 30g
탈지분유 5g
인스턴트 드라이이스트 6g
설탕 45g
소금 4g
달걀 50g
꿀 1Ts
우유 125g
무염버터 35g
소금·후춧가루 약간

필링

햄 3장(약 70g)
양파 1/3개
피클 50g
스위트콘 2Ts
마요네즈A 3Ts
마요네즈B 1Ts
소금·후춧가루 약간

토핑

토마토케첩 약간
마요네즈C 약간
파슬리가루 약간

1 발효빵 반죽하기(22쪽 참고)에 따라 반죽하고 1차 발효를 마친 뒤 가스를 빼요.

2 반죽을 직사각형으로 만들어 젖은 면포나 비닐을 씌워 15분가량 중간 발효를 시켜요.

3 햄과 양파는 잘게 다져 볶고 다진 피클과 스위트콘, 마요네즈A, 소금, 후춧가루를 넣어 섞어요.

4 중간 발효가 끝난 반죽을 가로 30cm, 세로 25cm의 직사각형으로 밀어 마요네즈B를 얇게 발라요.

5 여기에 ③을 얇고 평평하게 올려요.

6 반죽을 끝에서부터 돌돌 말아 마지막에는 꼼꼼하게 집어 풀리지 않게 마무리해요.

이때 실을 엇갈리게 잡고 당겨줘요.

7 칼이나 실을 이용해 반죽을 3cm 두께로 잘라요.

쿠킹포일틀은 지름이 8cm예요.

8 준비된 쿠킹포일틀에 반죽을 넣고 30분가량 2차 발효를 시킨 다음, 토마토케첩과 마요네즈C, 파슬리가루 등을 뿌려, 180℃의 오븐에서 15분가량 구워요.

통통한 소시지가 그대로
소시지빵

제과점에서 파는 소시지빵은 언제나 소시지는 빈약하고 빵만 많아서 아쉬웠어요. 적당한 양의 빵 반죽에 질 좋은 치즈와 빵가루를 묻혀 내 입맛에 딱 맞는 소시지빵을 만들었어요.

재료(약 7개)

필링

파르미자노 레자노 치즈
20g
빵가루 20g
파슬리 1ts
프랭크소시지 7개
달걀물 약간

반죽

중력분 150g
인스턴트 드라이이스트 3g
설탕 35g
소금 2g
달걀 25g
우유 70g
무염버터 15g

가루로 된 파르메산
치즈도 좋아요.

1 파르미자노 레자노 치즈를 갈아서 준비해요.

2 빵가루와 파르미자노 레자노 치즈, 파슬리를 섞어요.

3 발효빵 반죽하기(22쪽 참고)에 따라 반죽하고 1차 발효까지 끝내요.

4 반죽을 약 40g씩 나눠 둥글린 뒤 15분간 중간 발효를 시켜요.

5 반죽을 손으로 밀어 긴 막대 모양으로 만든 다음, 소시지에 돌돌 말아서 양쪽 끝 부분이 바닥으로 향하도록 모양을 잡아요.

6 ⑥의 반죽에 달걀물(달걀 1개를 잘 푼 것)을 묻힌 뒤 ②의 가루를 충분히 묻혀요.

7 오븐팬에 올리고 30분가량 2차 발효를 해요.

8 발효가 끝나면 180℃로 예열한 오븐에서 12~15분가량 구워요.

tomato pizza bread

주황빛의 재밌는 빵 반죽
토마토 피자빵

시켜 먹는 커다란 피자 대신 먹기 좋은 담백한 피자빵을
만들어봤어요. 아이는 물론 어른들까지도 누구나 좋아하
는 피자빵이랍니다.

반죽

강력분 150g

인스턴트 드라이이스트 2g

설탕 1ts

소금 1/3ts

올리브유 10g

토마토 주스 90g

토마토케첩 10g

토핑

감자 1/2개

양파 1/4개

소시지 1개

피망 1/2개

모차렐라 치즈 100g

토마토소스 4Ts

1 토핑으로 들어가는 재료 중 감자는 찌고, 양파는 볶아요.

2 토마토 주스가 차가우면 살짝 데워요.

3 발효빵 반죽하기(22쪽 참고)에 따라 반죽해서 1차 발효까지 끝내요.

4 반죽의 가스를 가볍게 빼고 약 65g씩 4등분해서 둥글리기한 뒤 15분간 중간 발효해요.

5 중간 발효가 끝나면 밀대로 얇고 둥글게 밀어요.

6 반죽에 포크로 구멍을 낸 뒤 토마토소스를 1Ts씩 발라요.

7 준비한 ①의 토핑 재료를 골고루 올려요. 여기에 모차렐라 치즈를 얹고 30분간 2차 발효를 시켜요.

8 190℃로 예열한 오븐에서 12~13분가량 구워요.

squash bread

영양이 풍부한
단호박 식빵

각종 비타민과 무기질이 풍부한 단호박으로 만든 건강 식빵이에요. 샛노랗고 보드라운 속살을 보는 즐거움이 꽤 쏠쏠해요.

재료(20×10cm 식빵틀 1개)

강력분 250g
인스턴트 드라이이스트 5g
단호박(찐 것) 100g
설탕 45g
소금 5g
올리브유 20g
우유 140~165g
달걀물 약간
틀에 바를 올리브유 약간

1 단호박은 찜통이나 전자레인지에 익혀 속만 파내고 으깨요.

단호박은 반죽할 때 액체 재료와 함께 넣어요.

2 발효빵 반죽하기(22쪽 참고)에 따라 반죽하고 1차 발효까지 끝내요.

3 1차 발효를 끝낸 반죽은 가볍게 가스를 빼고 둥글려서 15분간 중간 발효를 해요.

4 중간 발효가 끝난 반죽을 밀대로 밀어 긴 타원형으로 모양을 잡아요.

5 양쪽 끝을 살짝 접고 끝에서부터 돌돌 만 뒤 끝 부분은 꼬집듯이 붙여서 마무리해요.

6 올리브유를 바른 틀에 ⑤의 반죽을 넣고 2차 발효를 해요.

7 표면에 달걀물을 발라 180℃의 오븐에서 30분간 구워요.

PARANDAL TIP

단호박의 수분 함량에 따라 들어가는 우유의 양이 달라지기 때문에 처음에는 우유를 140g 정도만 넣고 반죽의 상태에 따라 더 넣으세요.

cappuccino bun

굽는 동안 향에 먼저 홀리는
카푸치노 번

폭신폭신 진한 커피 향으로 가득한 빵이에요. 향만 유혹
적인 게 아니라 달콤 짭조름한 버터 맛에 자꾸만 손이 갈
수밖에 없어요.

재료(약 5개)

반죽
강력분 270g
박력분A 30g
탈지분유 8g
인스턴트 드라이이스트 6g
설탕A 45g
소금 4g
달걀A 50g
꿀 1Ts
우유 125g
무염버터A 35g

필링
가염버터 3Ts

커피 크림
인스턴트커피 1/2Ts
우유B 10g
무염버터B 50g
설탕B 40g
달걀B 1/2개
박력분B 40g
아몬드가루 15g

1 발효빵 반죽하기(22쪽 참고)에 따라 반죽하고 1차 발효를 끝낸 뒤 반죽의 가스를 빼요.

2 반죽을 90g씩 나눠 손바닥으로 잘 둥글려서 15분간 중간 발효를 해요.

3 필링으로 넣을 가염버터는 실온에서 말랑한 상태로 준비해요.

잘 오므려서 꼭꼭 붙이지 않으면 버터가 새어 나와요.

4 중간 발효가 끝난 반죽은 동글납작하게 누른 뒤 가염버터 1/2Ts을 넣고 잘 오므려요.

5 버터를 넣어 둥글린 반죽을 팬에 올리고 젖은 면포나 비닐로 덮고 부피가 2배 가까이 되도록 40~50분간 2차 발효를 시켜요.

커피 크림

6 인스턴트커피와 우유B를 잘 섞어요.

7 실온의 무염버터B를 덩어리 없이 풀고 설탕B를 넣고 섞어요.

8 여기에 달걀B를 넣고 거품기로 잘 섞어요.

9 여기에 체 친 박력분B와 아몬드가루를 넣고 섞다가 ⑥을 넣은 뒤 주걱으로 잘 섞어요.

이때 깍지는 사용하지 않아도 좋아요.

10 완성된 반죽을 짤주머니에 담아요.

11 2차 발효된 반죽이 2배 가까이 부풀면 커피 크림을 위에서 3분의 1 정도 되도록 짠 뒤 180℃의 오븐에서 15분간 구워요.

홍차의 여유로움을 가진
얼그레이 베이글

베이글은 반죽을 물에 한 번 데쳐서 오븐에 굽는 게 포인트예요. 그래서 조직이 치밀하고 쫄깃쫄깃 씹는 맛도 생기죠. 갓 구운 베이글과 크림치즈, 진한 커피가 함께 하면 유명 카페가 부럽지 않아요.

재료(약 4개)

강력분 220g
호밀가루 30g
인스턴트 드라이이스트 3g
소금 3g
물 130g
꿀 15g
버터 8g
얼그레이 찻잎 3g
물(베이글 반죽을
데치는 용도) 2L

티백은 봉지를 하나
뜯으면 됩니다

1 얼그레이 찻잎은 곱게 갈아요.

2 발효빵 반죽하기(22쪽 참고)에 따
라 반죽하고 1차 발효까지 끝내요.

3 반죽의 가스를 가볍게 뺀 뒤 스크래
퍼를 이용해 4등분해요.

4 각각의 반죽을 손으로 둥글리고 15분
가량 중간 발효를 시켜요.

5 중간 발효한 반죽은 밀대로 밀어 직
사각형으로 만들어요.

6 밀어놓은 반죽을 끝에서부터 돌돌
말아 올려요.

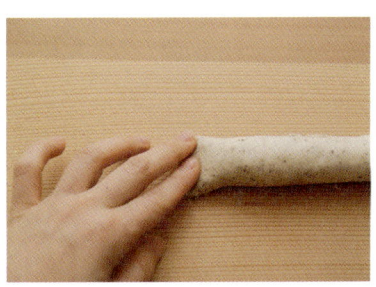

7 마지막에는 손으로 꼬집듯이 꾹꾹 눌러서 마무리해요.

8 말아놓은 반죽의 끝 부분이 납작하게 되도록 손으로 눌러요.

유산지는 반죽을 떼기 편하게 하기 위해 깐 것이라 꼭 깔지 않아도 괜찮아요

9 납작하게 만든 양 끝을 서로 붙여서 떨어지지 않도록 꾹꾹 눌러요.

10 베이글 반죽을 유산지에 놓고 따뜻한 곳에서 30분가량 2차 발효를 시켜요.

11 냄비에 물을 붓고 끓어오르면 반죽을 넣고 한쪽 면이 30초가 넘지 않도록 데쳐요.

12 데친 반죽은 190℃로 예열한 오븐에서 15~18분가량 구워요.

coffee morning bread

Good morning! Mr.coffee
커피 모닝빵

거실 가득 아침 햇살이 화사한 기운을 뿜어내요. 갓 내린
커피의 은은한 향과 함께 커피 모닝빵 한 조각으로 하루를
시작해요. 더없이 기분 좋은 아침의 여유를 누려봅니다.

재료(약 9개)

강력분 250g
인스턴트 드라이이스트 5g
설탕 35g
소금 4g
달걀 50g
우유 70g
버터 30g
에스프레소 40g
달걀물 약간

에스프레소는
반죽할 때 우유와
함께 넣어요

1 발효빵 반죽하기(22쪽 참고)에 따라 반죽하고 1차 발효까지 끝내요.

2 반죽의 가스를 가볍게 빼고 약 52g씩 9등분해서 10분간 중간 발효를 시켜요.

시각틀은 23cm 틀을
이용했어요

3 중간 발효가 끝난 반죽은 표면이 매끈하게 둥글려요.

4 팬에 오일을 얇게 바르고 반죽을 하나씩 올린 뒤 40분간 2차 발효를 시켜요.

5 부피가 2배 가까이 부풀면 윗면에 달걀물을 바르고 180℃의 오븐에서 12분간 구워요.

PARANDAL TIP

에스프레소 대신 물 2Ts, 인스턴트커피 1Ts을 섞어 대체할 수 있어요. 좀 더 진한 커피 맛을 원하면 에스프레소 양을 늘리지 말고, 인스턴트커피를 1/2Ts 더 넣으세요.

ciabatta

즐거운 기다림의 시간
치아바타

예전에는 다소 낯설었지만, 지금은 친근해진 빵이에요. 씹을수록 구수한 맛이 일품인 치아바타랍니다. 슬리퍼처럼 납작하게 생겼다고 해서 이렇게 불리지요. 샌드위치를 만들면 아주 맛있답니다.

재료(길이 30cm 1개)

스타터
중력분 87g
물 90g
인스턴트 드라이이스트 1g

반죽
물 55g
우유 15g
소금 3g
강력분 125g
인스턴트 드라이이스트 2g
식물성 오일 11g

1 중력분과 물, 인스턴트 드라이이스트를 잘 섞어요.

2 반죽에 랩을 씌우고 몇 군데 구멍을 낸 뒤 실온에서 12시간 발효시켜요.

3 보글보글 반죽이 부풀어오를 때까지 발효시켜요.

4 반죽기에 발효시킨 스타터와 물, 우유, 소금, 강력분, 인스턴트 드라이이스트 순으로 넣고 반죽하다 식물성 오일을 넣고 10분가량 반죽해요.

5 반죽이 끝나면 오일을 얇게 바른 볼에 반죽을 넣고, 실온에서 2시간가량 발효시켜요.

반죽이 질기 때문에 덧가루를 묻혀가며 모양을 잡아요.

6 발효가 끝나면 반죽을 도마에 쏟아서 타원형으로 모양을 잡아요.

7 이 상태로 1시간가량 실온에서 발효시킨 뒤 오븐에 넣기 전에 반죽에 스프레이로 물을 뿌려요.

완전히 식은 다음 빵칼로 썰어야 잘 썰려요.

8 200℃로 예열한 오븐에서 20분가량 구워 한 김 식힌 뒤 잘라요.

Index

파란달의 빵타지아

1판 1쇄 인쇄 2017년 4월 13일
1판 1쇄 발행 2017년 4월 20일

지은이 파란달 정영선

발행인 양원석
본부장 김순미
편집장 최두은
책임편집 황혜정
디자인 RHK 디자인팀 마가림, 김미선
해외저작권 황지현
제작 문태일
영업마케팅 최창규, 김용환, 이영인, 정주호, 박민범, 이선미, 이규진, 김보영

펴낸 곳 ㈜알에이치코리아
주소 서울시 금천구 가산디지털2로 53, 20층 (가산동, 한라시그마밸리)
편집문의 02-6443-8861   **구입문의** 02-6443-8838
홈페이지 http://rhk.co.kr
등록 2004년 1월 15일 제2-3726호

ISBN 978-89-255-6155-4 (13590)